Hesse/Schrader

Die perfekte Bewerbungsmappe für Führungskräfte

Die 50 besten Beispiele erfolgreicher Kandidaten

STARK

Liebe Leserin, lieber Leser,

mit diesem Buch erhalten Sie auch eine CD-ROM mit Mustervorlagen zum Bearbeiten im rtf-Format, darunter auch die Bewerbungsbeispiele aus diesem Buch.

www.

Im Internet unter **www.berufsstrategie-plus.de:**
Weitere Materialien zum Thema Bewerbung

Zugangscode: fuehrungskraft14

Die Autoren

Jürgen Hesse, geboren 1951, geschäftsführender Diplom-Psychologe im Büro für Berufsstrategie, Berlin.

Hans Christian Schrader, geboren 1952, Diplom-Psychologe in Baden-Württemberg.

Anschrift der Autoren

Hesse / Schrader
Büro für Berufsstrategie
Oranienburger Straße 4 – 5
10178 Berlin
Tel. 030 28 88 57-0
Fax 030 28 88 57-36
www.hesseschrader.com

Verlag und Autoren bedanken sich bei den auf den Bewerberfotos abgebildeten Personen und bei den Fotografen Katy Otto, Regine Peter und Antonius.

Foto S. 47: © Xxcozmoxx / Dreamstime.com

ISBN 978-3-86668-786-8

Inhalt

Perfekte Bewerbungsunterlagen

… die unbedingte Voraussetzung, um eingeladen zu werden! Wir laden Sie herzlich ein, sich von diesem außergewöhnlichen Buch, das Ihnen weniger als Lese-, sondern mehr als »Schau«-Buch dienen will, anregen und ermutigen zu lassen und neue kreative Formen schriftlicher Selbstdarstellung bei Ihrem Bewerbungsvorhaben zu entwickeln.

Wer sich bewirbt, macht Werbung in eigener Sache, für die eigene Person, für die dem Arbeitgeber angebotene Dienstleistung. Sie wollen Ihr Know-how, Ihre Arbeitskraft »vermarkten«. Mit der schriftlichen Bewerbung geben Sie eine Art Visitenkarte und, noch wichtiger, eine allererste Arbeitsprobe ab und erzeugen damit einen ersten Eindruck bei Ihrem potenziellen Auftrageber, Ihrem eigentlichen »Kunden«, dem »Einkäufer« der von Ihnen angebotenen Arbeitskraft. Dass dieser wichtige erste Eindruck überzeugt und Ihnen zu einer Einladung zu einem Bewerbungsgespräch (d.h. in diesem Sinne auch »Verkaufsgespräch«) verhilft, ist das erklärte Ziel.

Und wie wichtig so eine Einladung zum Vorstellungsgespräch für Sie sein kann, brauchen wir wohl kaum weiter auszuführen. Geradezu unverständlich ist es deshalb, mit wie wenig Engagement, Einfallsreichtum und kreativen Gestaltungsideen sich erstaunlich viele Kandidaten in ihren Bewerbungsunterlagen präsentieren.

Genau hier setzt dieses Buch an. Es zeigt anhand ausgewählter Beispiele interessant gestalteter Bewerbungsunterlagen, welche Vielfalt an Möglichkeiten Ihnen bei der schriftlichen Selbstdarstellung zur Verfügung steht.

In unserem Büro für Berufsstrategie beraten und unterstützen wir tagtäglich Bewerber in ihren Bemühungen, einen adäquaten Arbeitsplatz zu erhalten. Unter unseren Klienten sind vor allem Fach- und Führungskräfte. Daher sind die hier präsentierten Bewerbungsmappen keine unerprobten Fantasieprodukte – trotz aller notwendigen Veränderungen zur Anonymisierung. (Alle Namen, Daten und Fakten wurden so verändert, dass Ähnlichkeiten mit real existierenden Personen rein zufällig wären.)

Auf den folgenden Seiten präsentieren wir Ihnen 27 Beispiele von Bewerbungsunterlagen (ohne Anlagen wie Zeugnisse etc.) von erfolgreichen Kandidatinnen und Kandidaten. Da inzwischen die digitale Versandart am häufigsten praktiziert wird, spielen Papiersorte und Verpackung nicht mehr die Rolle, die sie bei konventionell mit der Post verschickten oder persönlich übergebenen Unterlagen noch innehatten. Aber in nahezu jedem Bewerbungsverfahren wird man Sie früher oder später auffordern, Ihre Unterlagen in schriftlicher Form einzureichen. Auch wenn Sie sich per Online-Formular bewerben, müssen Sie damit rechnen, dass Sie nach dem Ausfüllvorgang aufgefordert werden, die Darstellung Ihres beruflichen Werdeganges zusätzlich hochzuladen. Sie tun also gut daran, Ihre Bewerbungsunterlagen rechtzeitig auch für diese Art der Übermittlung vorzubereiten. Das ist für Sie auch eine besondere Chance der gekonnten Selbstdarstellung.

Aus technischen Gründen haben wir den Mappenbeispielen nur Schwarz-Weiß-Fotos beigefügt. Diese empfehlen wir aber auch im Bewerbungsalltag eher als Farbfotos.

Am Ende jedes Bewerbungsbeispiels lesen Sie einen Kommentar, der Gelungenes oder Verbesserungswürdiges reflektiert und vielleicht Ihren Blick für die Analyse Ihrer eigenen Entwürfe schärft.

Im letzten Kapitel finden Sie eine Kurzfassung zu den beiden wichtigsten theoretischen Aspekten Ihrer Selbstdarstellung. Mehr darüber erfahren Sie unter *www.berufsstrategie-plus.de.*

Auf der CD-ROM stellen wir Ihnen alle Bewerbungsbeispiele aus diesem Buch sowie 23 weitere gelungene Beispiele zur Verfügung, die Sie bearbeiten und mit Ihren eigenen Daten überschreiben können.

Und jetzt wünschen wir Ihnen für Ihr Vorhaben gutes Gelingen!

KATHRIN KIRSCH • BÄRENSTRASSE 94 • 55430 OBERWESEL
TELEFON 06744 123456 • KATHRIN_KIRSCH@GMX.DE

Kino-Center Hamburg GmbH
Herrn Mertens
Neue Straße 176
20148 Hamburg

Oberwesel, 11. Juli 2014

Betriebsleiterin Kino-Center Hamburg
Ihre Anzeige im Hamburger Abendblatt vom 2./3. Juli 2014

Sehr geehrter Herr Mertens,

in einem Telefonat mit Ihrem Büro erfuhr ich heute, dass das Auswahlverfahren für die zu besetzende Position noch nicht abgeschlossen ist. Sie beschreiben in Ihrer Anzeige eine Herausforderung, die mich sehr interessiert.

Seit Jahren bin ich als Führungskraft mit Personal- und Budgetverantwortung in Unternehmen der Hotellerie und Touristik tätig. Dabei konnte ich Kommunikationsstärke, Teamfähigkeit und Organisationsgeschick beweisen. Überdurchschnittliche Flexibilität und Einsatzbereitschaft runden mein Profil ab.

Ich strebe eine Führungsposition mit einem Anforderungsprofil an, das zu mir passt. Als meine besonderen persönlichen und beruflichen Stärken empfinde ich:

- Erfahrung in der Führung und Motivation von Mitarbeitern,
- gutes Organisations- und Verhandlungsgeschick,
- Leistungsbereitschaft, Erfolgswille und Durchsetzungsfähigkeit.

Es würde mich freuen, wenn Sie mich nach Prüfung meiner Bewerbungsunterlagen zu einem Vorstellungsgespräch einladen. Hier könnten wir weitere Details wie Eintrittstermin und Gehaltsfragen besprechen.

Mit freundlichen Grüßen

Kathrin Kirsch

Anlagen

 Kommentar Seite 12

Kathrin Kirsch

BEWERBUNG

als	Betriebsleiterin
für	Kino-Center Hamburg GmbH Herrn Mertens Neue Straße 176 20148 Hamburg
es folgen	Überblick Resümee Werdegang Anlagen

KATHRIN KIRSCH • BÄRENSTRASSE 94 • 55430 OBERWESEL
TELEFON 06744 123456 • KATHRIN_KIRSCH@GMX.DE

KATHRIN KIRSCH • BÄRENSTRASSE 94 • 55430 OBERWESEL
TELEFON 06744 123456 • KATHRIN_KIRSCH@GMX.DE

ÜBERBLICK

Personendaten	Alter	35 Jahre
	geboren am	20. Juli 1978 in Marburg
	Familienstand	verheiratet, zwei Kinder
Werdegang	letzte Tätigkeit	Kurdirektorin Bad Wesel
	Berufsausbildung	Betriebsassistentin Hotellerie
	Schulabschluss	Abitur / US-High-School-Diplom
aktuelle Situation	Fortbildung »WWW.Akademie« Kassel	Digitales Marketing / Internet-Publishing 4-wöchiger Vollzeitkurs
Kenntnisse	Fremdsprachen	Englisch fließend Französisch gut
	EDV	versierter Umgang mit allen MS-Office-Programmen und Micros Fidelio
	Ausbilderprüfung	
	Führerschein Klasse B	
Interessen	Sport: Reiten, Jogging Werbung und Gestaltung Psychologie	
Gehaltswunsch	um 55 000 Euro p. a.	

KATHRIN KIRSCH • BÄRENSTRASSE 94 • 55430 OBERWESEL
TELEFON 06744 123456 • KATHRIN_KIRSCH@GMX.DE

RESÜMEE

Ich bin

ein optimistischer Mensch mit ausgeprägtem Selbstvertrauen und einem hohen Maß an Eigeninitiative. Es ist meine Überzeugung, dass alles wirklich Gewollte im Leben machbar ist. Entscheidungen und Risiken gehe ich nicht aus dem Weg. Auf Ehrlichkeit und Echtheit in Ausdruck und Verhalten lege ich großen Wert.

Ich kann

mir Ziele selbst definieren und erreichen, viel leisten, Stress positiv erleben, gut planen und organisieren und mich voll und ganz engagieren.

Ich habe

Berufs- und Lebenserfahrung, ein gut entwickeltes Talent für Kommunikation und den Umgang mit Menschen. Dies macht mich erfolgreich.
Dabei habe ich mir die Fähigkeit zur Teamarbeit bewahrt. Neben fachlicher Kompetenz waren für meinen beruflichen Aufstieg vor allem Begeisterungsfähigkeit, Lernbereitschaft und Flexibilität entscheidend.
Und noch etwas: Ich habe Humor.

Ich will

eine Leitungsaufgabe, die meine Kenntnisse fordert, die Handlungsspielraum und Entwicklungschancen bietet, eine Position, in der ich meine Führungsqualitäten einsetzen und weiter ausbauen kann;
ein Unternehmen, mit dem ich mich identifiziere.

 Kommentar Seite 12

KATHRIN KIRSCH • BÄRENSTRASSE 94 • 55430 OBERWESEL
TELEFON 06744 123456 • KATHRIN_KIRSCH@GMX.DE

WERDEGANG

TOURISMUS UND HOTELLERIE

07.09 – 12.13

Bad Wesel Kurzentrum
- *Kurdirektorin* (Leiterin des Kurbetriebes)

04.05 – 06.06

Weiter-Reisen GmbH, Basel
- *Verkaufsleiterin* (ein Jahr im Ausland)

10.97 – 03.05

Meyer International Hotelkonzern:
Meyer Hotel, Augsburg
- *Verwaltungsleiterin*

Meyer Hotel Verwaltungs-GmbH, Frankfurt
Hauptabteilung Rechnungswesen
- *Trainee zur Verwaltungsleiterin*

Meyer Hotel, Davos
- *stv. Verwaltungsleiterin und Finanzbuchhalterin*

Meyer Hotel, Berlin
- *Trainee zur Betriebsassistentin*
  Parallel: Fernstudium beim „Educational Institute of the American Hotel & Motel Association“

NEUE HORIZONTE

07.05 – 06.09

Veranstaltungen GmbH, Berlin
- *Projektmanagement*

Pear Werbeagentur GmbH, Berlin
- *Office Management, Werbung*

Röntgen Systeme GmbH, Hamburg
- *Internationales Marketing*

KATHRIN KIRSCH • BÄRENSTRASSE 94 • 55430 OBERWESEL
TELEFON 06744 123456 • KATHRIN_KIRSCH@GMX.DE

QUALIFIZIERUNG

02.14	Fortbildung an der »WWW.Akademie« in Kassel Digitales Marketing und Internet-Publishing
04.13	Ausbilderprüfung vor der IHK zu Bremen

ANDERE LÄNDER

04.05 – 06.06	Weiter-Reisen GmbH, Basel • *Verkaufsleitung*
12.00 – 04.03	Meyer Hotel, Davos • *Unterstützung der Verwaltungsleitung*
10.00 – 12.00	Richmond, Virginia / USA • *Erweiterung der Sprachkenntnisse*
12.99 – 02.00	Hotel Lancaster, Paris • *Praktikum in Housekeeping*
08.94 – 06.95	Ein Schuljahr im Ausland, Winter Haven, Florida / USA • *Abschluss der US-High-School mit Diplom*

ENGAGEMENT

11.07 – 06.09	Management-Vereinigung e. V. Niedersachsen • *Kassenführerin im Bundesvorstand*

SCHULBILDUNG

09.88 – 05.97	Goethe-Gymnasium, Hamburg • *Abitur*

KATHRIN KIRSCH • BÄRENSTRASSE 94 • 55430 OBERWESEL
TELEFON 06744 123456 • KATHRIN_KIRSCH@GMX.DE

Kino-Center Hamburg GmbH
Herrn Mertens
Neue Straße 176
20148 Hamburg

Oberwesel, 23. Juli 2014

Vorstellungsgespräch am Dienstag, den 22. Juli 2014
Meine Bewerbung als Leiterin des Kino-Centers Hamburg

Sehr geehrter Herr Mertens,

vielen Dank für das ausführliche und informative Gespräch. Besonders die offene, gute Gesprächsatmosphäre sowie Ihre Ausführungen über Unternehmensaktivitäten und -ziele wusste ich zu schätzen.

Sehr gerne möchte ich als hauptverantwortliche Leiterin Ihres Hauses tätig werden und mein ganzes Wissen und Engagement für die Optimierung Ihres Unternehmens einbringen.

Aus meiner Sicht sprechen für mich:
- mein breites Spektrum an Organisationserfahrung,
- meine Mitarbeiterführungskompetenz,
- meine besondere Stressresistenz.

Bereits zum 1. September 2014 könnte ich Ihrem Unternehmen zur Verfügung stehen. Wenn Sie mir – wie in Aussicht gestellt – bei der Wohnungssuche behilflich sind, sehe ich einem Erfolg versprechenden Start in der zweiten Jahreshälfte mit Freude entgegen.

Auf die Fortsetzung unseres Gespräches gespannt
grüße ich Sie herzlichst

Kathrin Kirsch

Zu den Unterlagen von Kathrin Kirsch, Betriebsleiterin

Im gut gegliederten **Anschreiben** wird überzeugend für die Einladung der Bewerberin argumentiert. Der Abschlussabsatz hätte vielleicht etwas souveräner ausfallen können.

Das **Deckblatt** ist überraschend anders, kreativ und Neugier erweckend, begleitet von einem frischen, sympathischen **Foto** im quadratischen Format, von dem der Leser sich angeschaut fühlt. Dazu ein nettes Lächeln und die Unterschrift als starker Persönlichkeitsträger. So entstehen gleich zu Beginn positive Gefühle.

Auf der nächsten Seite findet man den sinnvollen und in der Gestaltung gelungenen »Überblick«, der schnell und übersichtlich über die Kandidatin informiert (bis hin zum Gehaltswunsch!). Mit Spannung blättert der Leser weiter und ist bestimmt nicht schlecht bedient mit dem nun folgenden Resümee-Text als »**Dritte Seite**«.

Sicher, alles eine Frage des persönlichen Geschmacks, aber man kann nicht allen gefallen wollen. Die hier vorgestellte Form findet garantiert ihre Wertschätzer und bringt eine Einladung.

Auch die beiden folgenden Seiten zum **Werdegang** sowie zur Qualifizierung sind übersichtlich und verstärken den bis dahin gewonnenen positiven Gesamteindruck. Haben Sie den Fehler bemerkt? Es fehlt die Unterschrift (inkl. Datum und Ort) unter dem Lebenslauf.

Das Anlagenverzeichnis haben wir bei dieser Bewerbung nicht abgedruckt, aber zum krönenden Abschluss den sogenannten **Nachfassbrief** – eine wichtige Chance, nach dem absolvierten Vorstellungsgespräch den positiven Eindruck noch einmal deutlich zu verstärken (s. S. 11). Ein solches Schreiben kann auch gut als E-Mail verschickt werden. Wichtig: Merken bzw. notieren Sie sich die Namen Ihrer Gesprächspartner.

Einschätzung

Eine wirklich angenehme und beeindruckende Bewerbung, die kaum noch Wünsche offenlässt. In der Realität führte diese Konzeption der Bewerbungsunterlagen in relativ kurzer Zeit zu dem angestrebten Ziel: einem neuen Arbeitsplatz (vier Aussendungen, drei Einladungen!).

Alternativbild. Vergleichen Sie dazu auch das **Bewerbungsfoto** auf ▶ **Seite 6.**

Gleich zeigen wir Ihnen eine Vorher-Nachher-Version einer Bewerbung – zuerst das schlechte, dann das verbesserte Beispiel.

1. Lektion Darauf kommt es bei Ihrer Bewerbung wirklich an

Auf Ihre Einstellung! Und dies im doppelten Wortsinne. Hier meinen wir jetzt die mentale Auseinandersetzung und Einstimmung auf Ihr Vorhaben, einen Arbeitsplatz zu bekommen. Dabei spielt die gründliche Vorbereitung die alles entscheidende Hauptrolle. In welcher Rolle treten Sie – jetzt zunächst schriftlich – auf und was ist Ihre Hauptbotschaft?

Jede Bewerbung, speziell die Initiativbewerbung, verlangt Werbung in eigener Sache. Ihre zentralen Botschaften sollten Auge, Herz und Verstand des Lesers und Entscheiders in kürzester Zeit überzeugend erreichen und den Wunsch auslösen, Kontakt mit Ihnen aufzunehmen.

Je besser Sie sich vorbereiten, desto größer Ihre Chancen, den Bewerbungsmarathon in möglichst kurzer Zeit erfolgreich zu absolvieren. Ihre Unterlagen gelten dem Auswähler als erste Arbeitsprobe und als erster Eindruck von Ihrer Persönlichkeit.

Lars Lehmann
Steubenstr. 5
28207 Bremen
Tel.: 0421 4568909

25. August 2014

Omega Deutschland GmbH
Personalabteilung
Friedenstr. 23
28207 Bremen

Ihre Anzeige in der Bremer Morgenpost vom 20.08.2014

Sehr geehrte Damen und Herren,

ich beziehe mich auf Ihre o.g. Anzeige und möchte mich als Ingenieur für die Position Leiter Qualitätsmanagement bewerben. Ich glaube, dass meine Kenntnisse und Fähigkeiten Ihren Anforderungen entsprechen können.

Nach meiner Lehre als Betriebsschlosser habe ich an der Technischen Fachhochschule Maschinenbau studiert und mich bei der Deutschen Gesellschaft für Qualitätsmanagement zum Qualitätsfachingenieur weitergebildet. Praktische Erfahrungen habe ich insbesondere durch den Aufbau eines QM-Systems und die Einleitung des Zertifizierungsverfahrens nach DIN EN ISO 9001 erworben. Meine Sprachkenntnisse in Englisch verbesserte ich ebenfalls außerhalb meines Dienstes an der Berlitz School. Sehr gute PC-Anwenderkenntnisse kann ich ebenfalls vorweisen.

In meiner derzeitigen Tätigkeit als Leiter QM habe ich gezeigt, dass ich mich eigenverantwortlich, teamorientiert und mit Engagement für die Sache der Qualität einsetzen kann. Aufgrund von konzernweiten Umstrukturierungsmaßnahmen und der Dezentralisierung des Qualitätswesens entfällt leider mein Arbeitsplatz zum 31.12.2014.

Den ausführlichen beruflichen Werdegang entnehmen Sie bitte den beigefügten Bewerbungsunterlagen. Das von Ihnen aufgeführte Aufgabengebiet interessiert mich sehr, deshalb würde ich mich über eine Einladung zu einem persönlichen Gespräch sehr freuen.

Mit freundlichen Grüßen

Anlage: Bewerbungsmappe

PS: Vom 30.08.2014 bis 10.09.2014 nehme ich an der Auditorenfortbildung der DGQ in München teil.

Bewerbungsunterlagen

Schlechte Version! Abgelehnt!

Lars Lehmann
Bremen

zur Vorlage bei der
Omega Deutschland GmbH
Bremen

als
Leiter Qualitätsmanagement

Lebenslauf

1 Persönliche Daten

Name:	Lars Lehmann
Anschrift:	Steubenstr. 5, 28207 Bremen
Tel.:	0421 4568909
Geboren am:	30. August 1971
Geburtsort:	Münster in Westfalen
Familienstand:	Lebensgemeinschaft mit Grundschullehrerin
Hobbys:	Schach, fernöstliche Philosophie, Tai-Chi-Chuan

Schlechte Version! Abgelehnt!

2 Berufspraxis

2.1 Betriebsschlosser

Firmen: 3 verschiedene Firmen der Metallindustrie, Hannover und Berlin
Beschäftigt: von 10/1990 bis 10/1997
Aufgaben:
- Reparatur und Wartung von Werkzeugmaschinen

2.2 Gruppenleiter Qualitätssicherung

Firma: Energie GmbH, Werk Bremen
Produkte: Starterbatterien, Industriebatterien, Traktionsbatterien dryfit
Beschäftigte: 200, Führung: 20 Mitarbeiter
Beschäftigt: von 05/2003 bis 12/2008
Aufgaben:
- Wareneingangs- und Fertigungsprüfungen
- Aufbau eines Qualitätssicherungssystems
- statistische Auswertung von Messdaten
- Beschaffung von Prüf- und Messmitteln
- Erstellung von Verfahrens- und Prüfanweisungen
- Mitarbeit beim Aufbau eines QS-Systems im Werk Spanien

Schlechte Version! Abgelehnt!

2.3 Leiter Qualitätswesen

Firma: IKROM AG, Bremen
Produkte: Mechanische und elektronische Zylinderschlösser, Schließanlagen, Kastenschlösser und Schutzbeschläge
Beschäftigte: 200, Umsatz: 200 Mio.
Führung: 25 Mitarbeiter, Berichterstattung an den Vorstand
Beschäftigt: seit 01/2009
Aufgaben:
- Qualitätsplanung, Qualitätstechnik und Qualitätsberichterstattung
- Wareneingangs-, Fertigungs- und Endprüfungen
- Aufbau und Pflege eines QM-Systems nach DIN EN ISO 9001
- Vorbereitung der Zertifizierung des QM-Systems
- Durchführung von internen und externen Qualitätsaudits
- Durchführung von betriebsinternen Qualitätsschulungen
- Projektmanagement im Bereich Qualitätssicherung
- Einführung von Arbeitsgruppen zur Entwicklung des Qualitätsbewusstseins in Richtung TQM
- Mitarbeit bei Einführung von Fertigungsinseln, Lean Management und anderen Restrukturierungsmaßnahmen

3 Ausbildung

3.1 Schul- und Berufsausbildung

09/1987 bis 08/1990	Lehre als Betriebsschlosser, Fa. Mahnwald, Hannover **Abschluss:** Facharbeiter
09/1994 bis 07/1997	Fachoberschule, Hannover **Abschluss:** Fachhochschulreife
10/1997 bis 07/2002	Technische Fachhochschule (TFH), Hannover Fachrichtung Maschinenbau **Abschluss:** Diplom-Ingenieur

Schlechte Version! Abgelehnt!

3.2 Fortbildung

11/2002 bis 05/2003	REFA-Grundausbildung für das Arbeitsstudium REFA-Landesverband Hannover e. V., Hannover **Abschluss:** REFA-Grundschein
09/2003 bis 03/2005	Lehrgang: Qualitätstechnik QII Deutsche Gesellschaft für Qualität (DGQ), München **Abschluss:** Qualitätstechniker DGQ
03/2005 bis 07/2008	Lehrgang: Qualitätsmanagement QM Deutsche Gesellschaft für Qualität (DGQ), München **Abschluss:** Qualitätsfachingenieur DGQ
06/2011	Prüfungslehrgang: DGQ-Auditor Deutsche Gesellschaft für Qualität (DGQ), München **Abschluss:** DGQ-Auditor/EOQ Quality Auditor

3.3 Weitere Kenntnisse und Fähigkeiten

seit 2005	PC-Lehrgänge zur Textverarbeitung und Tabellenkalkulation, intensive Beschäftigung mit Textverarbeitung und Tabellenkalkulation (MS Office) und weiteren Windows-Programmen, Grundkenntnisse der EDV und BASIC-Programmierung vorhanden
seit 2008	Mitglied der Deutschen Gesellschaft für Qualität (DGQ), Teilnahme an Regionalkreisveranstaltungen der DGQ, Besuch div. Seminare und Vorträge zu Themen der QS
seit 2010	Verbesserung der englischen Sprachkenntnisse bei Berlitz International Inc., Bremen

Referenzen und Arbeitsproben können bei Interesse vorgelegt werden.

4 Meine praktischen Erfahrungen und Arbeitsweisen

Schulungen zu Grundlagen und Werkzeugen der QS und Arbeitsgruppen zur Entwicklung des Qualitätsbewusstseins haben sich als wichtige Vorgehensweisen zum Aufbau und zur Weiterentwicklung eines QM-Systems gezeigt. Mit modernen Moderationstechniken wie Metaplantechnik unterstütze ich die eher theoretischen Ausführungen. Mein Ziel ist es, alle Mitarbeiter zu motivieren, sodass sie sich für die Sache der Qualität selbst verantwortlich fühlen. Aufgrund meiner Praxis spreche ich „alle Sprachen" innerhalb eines Unternehmens.

Ich vertrete die Sache der Qualität zwar fest, aber mit diplomatischem Geschick durch Überzeugung und Motivation. Meine Mitarbeiter führe ich stets zielstrebig und unter Praktizierung von Teamarbeit. Mit dem notwendigen Maß an Offenheit, Einfühlungsvermögen und Kreativität treibe ich mit aller Kraft die Weiterentwicklung des QM-Systems voran. Gerne beschäftige ich mich mit modernen Qualitätsmanagement- und Führungstechniken sowie statistischen Verfahren. Die betriebsinternen und externen Veröffentlichungen zu QS-Themen gehören dazu.

Bremen, 25. August 2014

5 Anlagen

- Zwischenzeugnis IKROM AG
- Arbeitszeugnis Energie GmbH
- Diplom-Urkunde
- DGQ-Zertifikat DGQ-Auditor / EOQ Quality Auditor
- DGQ-Zertifikat Qualitätsmanagement QM
- DGQ-Schein Qualitätstechnik QII
- REFA-Grundschein
- Facharbeiterbrief
- Zeugnis Fachabitur
- Zeugnis Hauptschulabschluss

Lars Lehmann, Diplom-Ingenieur
Steubenstr. 5
28207 Bremen
Tel.: 0421 4568909, Mobil: 0176 48654835
E-Mail: llehmann@freenet.de

25. August 2014

Omega Deutschland GmbH
Personalabteilung
Frau Dr. Ehrhardt
Friedenstr. 23
28207 Bremen

Ihre Anzeige in der Bremer Morgenpost vom 20.08.2014

Sehr geehrte Frau Dr. Ehrhardt,

vielen Dank für das freundliche und informative Gespräch. Unser gestriges Telefonat hat mein Interesse bestärkt, mich bei Ihnen für die Position Leiter Qualitätsmanagement zu bewerben. Sie haben einen Arbeitsbereich beschrieben, der für mich eine besondere Herausforderung darstellt.

Zu meiner Person:
Nach meiner Lehre als Betriebsschlosser habe ich Maschinenbau studiert und mich bei der Deutschen Gesellschaft für Qualitätsmanagement zum Qualitätsfachingenieur weitergebildet. Zurzeit bin ich in einem Spezialunternehmen für Schließanlagen als Leiter Qualitätsmanagement tätig.

Mein Wissen und Können im Bereich QM habe ich besonders durch den Aufbau eines QM-Systems und die Einleitung des Zertifizierungsverfahrens nach DIN EN ISO 9001 unter Beweis gestellt. In meiner täglichen Arbeit bin ich es gewohnt, mich eigenverantwortlich, teamorientiert und mit Engagement für die Sache der Qualität einzusetzen. Eine starke Leistungsmotivation, gepaart mit hoher Lernbereitschaft, runden mein berufliches wie persönliches Profil ab.

Ich wünsche mir neue herausfordernde Aufgaben im Bereich QM und möchte gern einen Beitrag zur Weiterentwicklung Ihres Unternehmens leisten. Sollte ich Ihr Interesse geweckt haben, würde ich mich über eine Einladung sehr freuen.

Mit freundlichen Grüßen

Lars Lehmann

Anlage: Bewerbungsmappe

Bewerbungsunterlagen

Lars Lehmann
Steubenstr. 5
28207 Bremen
Tel. 0421 4568909, Mobil: 0176 48654835
E-Mail: llehmann@freenet.de

für die
Omega Deutschland GmbH
Bremen

als
Leiter Qualitätsmanagement

Lebenslauf

1

Persönliche Daten

Lars Lehmann

Steubenstr. 5, 28207 Bremen
Tel.: 0421 4568909, Mobil: 0176 48654835
Geboren am 30. August 1971 in Münster/Westfalen
Hobbys: Schach, Tai-Chi-Chuan

2
Berufspraxis

2.1
Leiter Qualitätswesen

Firma:
IKROM AG, Bremen

Produkte:
mechanische und elektronische Zylinderschlösser, Schließanlagen, Kastenschlösser und Schutzbeschläge

Beschäftigte:
200, Umsatz: 200 Mio.

Führung:
25 Mitarbeiter, Berichterstattung an den Vorstand

Beschäftigt:
seit 01/2009

Aufgaben:
Qualitätsplanung, Qualitätstechnik und Qualitätsberichterstattung

Wareneingangs-, Fertigungs- und Endprüfungen

Aufbau und Pflege eines QM-Systems nach DIN EN ISO 9001

Vorbereitung der Zertifizierung des QM-Systems

Durchführung von internen und externen Qualitätsaudits

Durchführung von betriebsinternen Qualitätsschulungen

Projektmanagement im Bereich Qualitätssicherung

Einführung von Arbeitsgruppen zur Entwicklung des Qualitätsbewusstseins in Richtung TQM

Mitarbeit bei Einführung von Fertigungsinseln, Lean Management und anderen Restrukturierungsmaßnahmen

2
Berufspraxis

2.2
Gruppenleiter Qualitätssicherung

Firma:
Energie GmbH, Werk Bremen

Produkte:
Starterbatterien, Industriebatterien, Traktionsbatterien dryfit

Beschäftigte:
200, Führung: 20 Mitarbeiter

Beschäftigt:
von 05/2003 bis 12/2008

Aufgaben:
Wareneingangs- und Fertigungsprüfungen

Aufbau eines Qualitätssicherungssystems

statistische Auswertung von Messdaten

Beschaffung von Prüf- und Messmitteln

Erstellung von Verfahrens- und Prüfanweisungen

Mitarbeit beim Aufbau eines QS-Systems im Werk Spanien

2.3
Betriebsschlosser

Firmen:
3 verschiedene Firmen der Metallindustrie, Hannover und Berlin

Beschäftigt:
von 10/1990 bis 10/1997

Aufgaben:
Reparatur und Wartung von Werkzeugmaschinen

 Kommentar Seite 30

3
Ausbildung

3.1
Schul- und Berufsausbildung

10/1997 bis 07/2002
Technische Fachhochschule (TFH), Hannover
Fachrichtung Maschinenbau
Abschluss: Diplom-Ingenieur

09/1994 bis 07/1997
Fachoberschule, Hannover
Abschluss: Fachhochschulreife

09/1987 bis 08/1990
Lehre als Betriebsschlosser, Fa. Mahnwald, Hannover
Abschluss: Facharbeiter

3.2
Fortbildung

06/2011
Prüfungslehrgang: DGQ-Auditor
Deutsche Gesellschaft für Qualität (DGQ), München
Abschluss: DGQ-Auditor/EOQ Quality Auditor

03/2006 bis 07/2008
Lehrgang: Qualitätsmanagement QM
Deutsche Gesellschaft für Qualität (DGQ), München
Abschluss: Qualitätsfachingenieur DGQ

09/2003 bis 03/2005
Lehrgang: Qualitätstechnik QII
Deutsche Gesellschaft für Qualität (DGQ), München
Abschluss: Qualitätstechniker DGQ

11/2002 bis 05/2003
REFA-Grundausbildung für das Arbeitsstudium REFA-Landesverband Hannover e. V., Hannover
Abschluss: REFA-Grundschein

3
Ausbildung

3.3
Weitere Kenntnisse und Fähigkeiten

seit 2010
Verbesserung der englischen Sprachkenntnisse bei Berlitz International Inc., Bremen

seit 2008
Mitglied der Deutschen Gesellschaft für Qualität (DGQ)
Teilnahme an Regionalkreisveranstaltungen der DGQ
Besuch div. Seminare und Vorträge zu Themen der QS

seit 2005
PC-Lehrgänge zur Textverarbeitung und Tabellenkalkulation
intensive Beschäftigung mit Textverarbeitung und Tabellenkalkulation (MS Office)
und weiteren Windows-Programmen
Grundkenntnisse der EDV und BASIC-Programmierung vorhanden

Referenzen und Arbeitsproben können bei Interesse vorgelegt werden.

Was spricht für mich?

Meine beruflichen Leistungen

Ich bin bestens vertraut mit allen Bereichen der Qualitätsplanung, -technik und -berichterstattung,

managte Projekte im Bereich Qualitätssicherung,

erstellte und pflegte ein QM-System nach DIN EN ISO 9001,

führte interne und externe Qualitätsaudits durch,

baute ein Qualitätssicherungssystem auf,

konzipierte Verfahrens- und Prüfanweisungen,

führte betriebsinterne Qualitätsschulungen durch,

wertete statistische Messdaten erfolgreich aus.

Meine Arbeitsweise

Meine besonderen Stärken sind mein diplomatisches Geschick sowie meine Art, Mitarbeiter in Sachen QM zu motivieren und zu überzeugen.

Der Umgang und die zielorientierte Zusammenarbeit mit anderen Menschen sind für mich persönlich von großer Bedeutung.

Dabei beherrsche ich als praxiserprobter Fachingenieur alle „Register“ in der Verantwortung, die Sache der Qualität effektiv zu vertreten.

Bremen, 25. August 2014

Anlagen

Grafische Darstellung Lebenslauf

Zwischenzeugnis IKROM AG

Arbeitszeugnis Energie GmbH

Diplom-Urkunde

DGQ-Zertifikat DGQ-Auditor / EOQ Quality Auditor

DGQ-Zertifikat Qualitätsmanagement QM

DGQ-Schein Qualitätstechnik QII

REFA-Grundschein

Facharbeiterbrief

▸ Kommentar Seite 30

Lebenslauf

Lars Lehmann

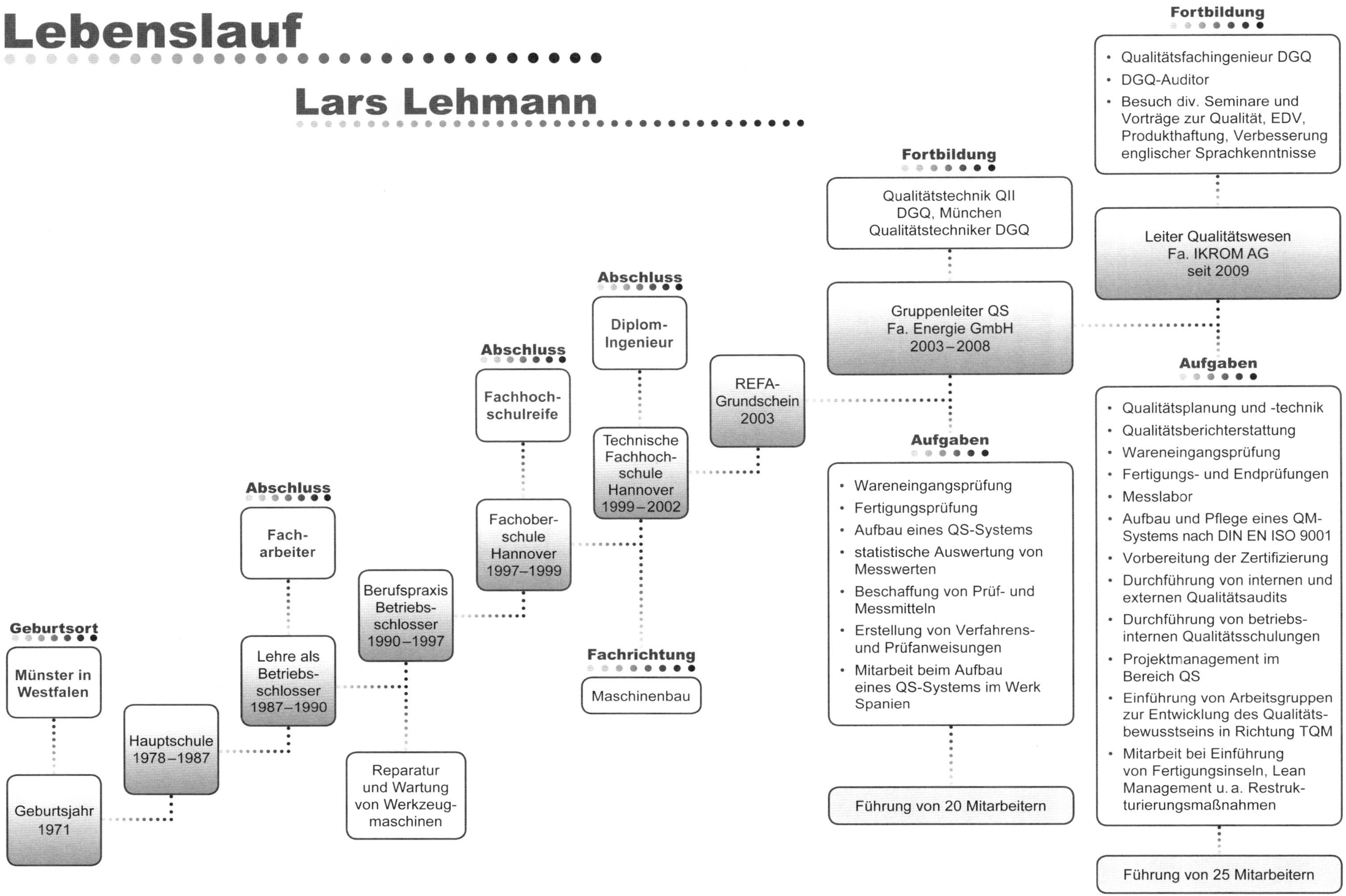

Zu den Unterlagen von Lars Lehmann, Leiter Qualitätsmanagement

Haben Sie die verbesserte Version der Bewerbungsunterlagen genossen? Wie Sie an der ursprünglichen Version sehen, ist sie das Ergebnis einer intensiven Überarbeitung. Der Kandidat kam mit ganz anderen Unterlagen zu uns in die Beratung. Vergleichen Sie selbst, bevor Sie unsere Kommentare lesen.

Ursprüngliche Version

Mit sehr schlichten grafischen Mitteln wendet sich der Bewerber im **Anschreiben** an die »Sehr geehrten Damen und Herren« und bezieht sich auf eine in der Betreffzeile inhaltlich nicht näher erläuterte Anzeige.

Mit einem »Glaubensbekenntnis« und einem nicht überzeugend getexteten zweiten Absatz geht es weiter. Sprachlich ungeschickt formuliert der Bewerber, PC-Anwenderkenntnisse »ebenfalls vorweisen« zu können.

Der Anschreibentext ist also eher unzulänglich, aber wenden wir uns jetzt der Bewerbungsmappe selbst zu: Das **Deckblatt** ist ordentlich, wenngleich die Formulierung »zur Vorlage« völlig bürokratisch-veraltet wirkt.

Der **Lebenslauf** lenkt den Blick zuerst auf das viel zu große **Foto**, das einen Menschen zeigt, der unglücklich oder schlecht gelaunt wirkt – so entwickelt der Betrachter kein Vertrauen und schon gar kein Zutrauen zum Kandidaten.

Das hier zum Einsatz gebrachte Gliederungssystem wirkt altmodisch und unelegant, selbst wenn die Funktion sinnvoll ist. Schon auf der ersten Seite langweilt die Form mit Name, Anschrift, Telefonnummer etc.

Der zweite Abschnitt präsentiert die beruflichen Stationen in chronologischer Reihenfolge, was unvorteilhaft ist. Ebenso wird beim Punkt »Ausbildung« verfahren. Mit dem Versuch einer »**Dritten Seite**«, die stilistisch an das Anschreiben erinnert, kann Herr Lehmann hier nicht überzeugen. Auch wenn der Bewerber Ingenieur und nicht Germanist ist, müssen an die sprachliche Kompetenz höhere Ansprüche gestellt werden. So also bitte nicht, dann besser ohne »Dritte Seite«.

Das **Anlagenverzeichnis** führt Dokumente wie die Zeugnisse des Fachabiturs und Hauptschulabschlusses auf – in diesem Alter und Erfahrungsstadium ist das unnötig und wirkt ungeschickt.

Einschätzung

Sie sehen – ein Bewerbungsunterlagen-Check lohnt sich! Schauen Sie sich jetzt die überarbeitete Version an und lassen Sie den Unterschied auf sich wirken.

Überarbeitete Version

Dem schlichten Briefkopf folgt ein überzeugender **Anschreiben**-Text. Hier wurde vorab telefoniert. Die Daten zur Person sind knapp und präzise. Die Betreffzeile ist leider immer noch wenig aussagekräftig.

Das **Deckblatt** wirkt frisch, ebenso wie die erste Seite des **Lebenslaufs** mit den persönlichen Daten. Das **Foto** spricht für sich, es wirkt sympathisch, freundlich und auch das Format überzeugt.

Auch grafisch ist die Präsentation schnell zu überblicken und gut lesbar. Der Lebenslauf präsentiert sich in der amerikanischen Form, vom Aktuellen zur Vergangenheit. Das ist mittlerweile für Führungskräfte fast schon Standard. Wirklich außergewöhnlich ist die rechtsbündige Ausrichtung und das besondere Layout insgesamt, das hier auf den Betrachter einwirkt. So gelingt es diesem Kandidaten, sich mit seinen Unterlagen von anderen Bewerbern deutlich zu unterscheiden. Das Layout einer Bewerbung ist sicher immer auch Geschmackssache, mit diesem Design macht der Bewerber jedoch sicher nichts falsch.

Die »**Dritte Seite**« ist prägnant getextet und erfüllt ihren Zweck. Alle drei Überschriften sind gut gewählt.

Das **Anlagenverzeichnis** ist übersichtlich, und als besonderes Highlight legt der Bewerber eine Lebenslaufübersicht in grafischer Form vor, die den Werdegang in wirklich sehr anschaulicher Weise illustriert und Rückschlüsse auf eine sehr hohe Motivation zulässt: eine sehr kreative Seite! Eine ausgezeichnete Idee, den **beruflichen Werdegang** hier so anschaulich zu vermitteln. Alles auf einen Blick. Diese Seite kann man sich zusammen mit einem Anschreiben auch gut als Kurzbewerbung vorstellen.

Einschätzung

Eine außergewöhnlich attraktive Bewerbung mit hohem Aufmerksamkeitswert. Sehr gut!

Schauen Sie sich auch das XING-Profil des Bewerbers ab S. 122 an – wieder in einer Vorher-Nachher-Version.

Dr. Andreas Anders

Diplom-Kaufmann
Brehmer Allee 134 b
40472 Düsseldorf
Tel. 0211 3528762
Handy: 0197 6789876
E-Mail: aanders@gmail.com
XING: xing.to/aanders

Dr. Anders • Brehmer Allee 134 b • 40472 Düsseldorf

Rosenberg AG
Direktion
Frau Dr. Baseler
Rosenthaler Platz 1
90402 Nürnberg

31.03.2014

Unser Telefonat am heutigen Tage

Sehr geehrte Frau Dr. Baseler,

vielen Dank für das ausführliche Gespräch.
Sie erhalten wie verabredet meine Unterlagen.

Ich beabsichtige, mich zum Jahresende beruflich neu zu orientieren, und würde sehr gerne für Ihr Unternehmen von Deutschland aus neue Vertriebsstrukturen im Bereich Sanitärkeramik entwickeln.

Meine jetzige Position bindet mich voraussichtlich bis zum 30.11.2014, sodass ich Ihren Wünschen gemäß vor dem Jahreswechsel die neu geschaffene Position in Ihrem Export-Headquarter in Nürnberg einnehmen kann.

Von Ihnen bald zu hören, würde mich sehr freuen;
bis dahin verbleibe ich

mit freundlichen Grüßen

Andreas Anders

Anlagen

Dr. Andreas Anders

Diplom-Kaufmann
Brehmer Allee 134 b
40472 Düsseldorf
Tel. 0211 3528762
Handy: 0197 6789876
E-Mail: aanders@gmail.com
XING: xing.to/aanders

BEWERBUNGSUNTERLAGEN FÜR DIE ROSENBERG AG

Dr. Andreas Anders

Diplom-Kaufmann
Brehmer Allee 134 b
40472 Düsseldorf
Tel. 0211 3528762
Handy: 0197 6789876
E-Mail: aanders@gmail.com
XING: xing.to/aanders

PERSÖNLICHE DATEN

03.08.1970	**Geburtsdatum**
Zürich	**Geburtsort**
verheiratet zwei Kinder ortsungebunden	**Familienstand**
Schweizer	**Nationalität**
Export Sales Director Sanitärkeramik *Gres* und *Geberit*	**Position** **Produkt** **Marken**

Dr. Andreas Anders
Diplom-Kaufmann
Brehmer Allee 134 b
40472 Düsseldorf
Tel. 0211 3528762
Handy: 0197 6789876
E-Mail: aanders@gmail.com
XING: xing.to/aanders

CURRICULUM VITAE

Berufspraxis

Sinmag S.R.L.
Mailand

Leitung des Gesamtexportes von Sanitärkeramik für die Markenprodukte *Gres* sowie *Geberit* in die Exportländer der Europäischen Union	seit 04.2011
Prokura	seit 01.2008
Exportleitung *Gres* für Osteuropa Polen, GUS-Staaten, Rumänien, Ungarn	05.2006 – 12.2007
Exportsachbearbeitung *Gres* für Deutschland	04.2003 – 04.2006

La Turrita Ceramiche S.P.A.
Verona

Assistent der Exportleitung für Deutschland	08.1999 – 03.2003

Wand und Boden AG
Wien

Exportsachbearbeiter	04.1997 – 07.1999

Villeroy & Boch
Frankfurt a. M.

Trainee	01.1996 – 03.1997

Kommentar Seite 38

Dr. Andreas Anders

Diplom-Kaufmann
Brehmer Allee 134 b
40472 Düsseldorf
Tel. 0211 3528762
Handy: 0197 6789876
E-Mail: aanders@gmail.com
XING: xing.to/aanders

CURRICULUM VITAE

Ausbildung

Goethe Universität
Frankfurt a. M.

Promotion	06.08.1996
Diplom in Betriebswirtschaft Studienschwerpunkt Außenhandelswirtschaft Gesamtnote: sehr gut	31.10.1994

Eidgenössische Handelsakademie
Zürich

Betriebswirtschaftliches Vordiplom	15.09.1992

Wilhelm-Tell-Gymnasium
Zürich

Abitur	10.06.1989

Dr. Andreas Anders
Diplom-Kaufmann
Brehmer Allee 134 b
40472 Düsseldorf
Tel. 0211 3528762
Handy: 0197 6789876
E-Mail: aanders@gmail.com
XING: xing.to/aanders

ZUSATZQUALIFIKATIONEN

Fremdsprachen	Französisch, Italienisch, Englisch, Russisch
EDV-Kenntnisse	MS Office Professional, KHK PC-Kaufmann, Unix, HTML
Führerschein	Klasse B
Int. Marketing Ass. London	
10.2013	International Marketing Program Studies
Management Academy London	
08.2011	Rentabilitätsrechnung und Investitionscontrolling
10.2010	Investitionsgüter und Systemmarketing
06.2009	Arbeitstechnik, Führungsverhalten, Konfliktmanagement
01.2008	Rhetorik und Präsentation
Sprachkurse	
05.2012, 07.2013	Conversation-Business-English I und II Cambridge
04.2011	Russisch für Export-Trading St. Petersburg

Dr. Andreas Anders

Diplom-Kaufmann
Brehmer Allee 134 b
40472 Düsseldorf
Tel. 0211 3528762
Handy: 0197 6789876
E-Mail: aanders@gmail.com
XING: xing.to/aanders

ANLAGENVERZEICHNIS

Zwischenzeugnis Sinmag S.R.L.

Arbeitszeugnis / Empfehlungsbrief
La Turrita Ceramiche S.P.A.

Arbeitszeugnis Wand und Boden AG

Arbeitszeugnis Villeroy & Boch

Promotionsurkunde

Diplom

Fortbildungsnachweise

Zu den Unterlagen von Dr. Andreas Anders, Exportleiter

Wie wirkt diese Bewerbungsmappe auf Sie?

Hier ist wohl kaum ein Kommentar notwendig, diese ästhetischen Seiten sprechen für sich. Der Kandidat präsentiert sich mit außergewöhnlich gut gestalteten Bewerbungsunterlagen, wobei allen »Bausteinen« das gleiche Design zugrunde liegt.

Dies zeigt sich bereits im **Anschreiben:** ein Beispiel dafür, wie lohnend das Ergebnis sein kann, wenn man es wagt, die konventionellen Formen der Briefgestaltung zu verlassen.

Im Briefkopf gibt der Bewerber neben Adresse, Telefonnummern und E-Mail-Adresse zusätzlich den Kurz-Link zu seinem XING-Profil an – sehr gelungen! So kann der Empfänger der Unterlagen sich weiter über den Bewerber informieren und sich beispielsweise auch sein Netzwerk ansehen.

Der Anschreibentext knüpft an ein Telefonat an, das im Rahmen einer Initiativbewerbung geführt wurde. Der Text ist absolut knapp gehalten – diese gelungene Konzentration auf das Wesentliche setzt sich auch im Lebenslauf fort.

Ein fast minimalistisches, aber nicht weniger ästhetisches **Deckblatt** eröffnet den Reigen der Bewerbungsunterlagen. Auf der nächsten Seite präsentiert der Bewerber seine persönlichen Daten und fügt Informationen über seine aktuelle Position hinzu. Die von uns sonst eher für überflüssig gehaltene explizite Anführung der Rubriken Geburtsdatum / Geburtsort / Familienstand etc. wirkt hier in der Umkehrung der üblichen Reihenfolge als besonderes Stilmittel, das in Zusammenhang mit der Gesamtgestaltung der Unterlagen auf einen sehr motivierten Bewerber mit hohen Qualitätsansprüchen schließen lässt. Auf dem **Foto** wirkt der Kandidat durch das Lächeln recht sympathisch.

Auf den folgenden zwei Seiten sind **Lebenslauf**, Berufspraxis und Ausbildung in einer neuen, beeindruckenden Weise präsentiert. Eine Extraseite gibt Auskunft über die Zusatzqualifikationen und das Weiterbildungsengagement. Auch ohne eine besondere Botschaft per »**Dritter Seite**« eine gelungene Komposition!

Selbst das Anlagenverzeichnis trägt zur ästhetischen Gesamtwirkung bei.

Einschätzung

Die Bewerbungsmappe ist ein richtiges kleines Kunstwerk. Wirklich exzellent, vielleicht das beste Beispiel in diesem Buch.

2. Lektion Warum Sie sich unbedingt auch initiativ bewerben sollten

Experten gehen davon aus, dass etwa 15 bis 25 Prozent aller Arbeitsplätze über eine Initiativbewerbung vergeben werden. Personalchefs interpretieren diese Form des Vorgehens als Hinweis auf eine starke Motivation sowie auf Ziel- und Erfolgsorientierung. Logisch, dass solche Bewerber bevorzugt werden, wenn es die Stellensituation zulässt. Das entscheidende Kommunikationsziel bei der Initiativbewerbung ist das gekonnte Beantworten der Fragen, warum man sich gerade für dieses spezielle Unternehmen interessiert und was man Besonderes anzubieten hat. Natürlich sind das Aspekte, die es bei jeder Bewerbung inhaltlich auszufüllen gilt, bei einer Initiativbewerbung ist dies jedoch eine ganz besondere Herausforderung, denn es kommt darauf an, einen vielleicht noch gar nicht erkannten Bedarf zu wecken.

GABRIELA GRÜNWALD-GERLACH

Stresemannstraße 27
10963 Berlin
Telefon: 030 2812222
E-Mail: G.Gruenwald@t-online.de

Herrn
Dr. Bruno Mayer
Mayer Marketing GmbH
Berliner Platz 3 – 7
34119 Kassel

Berlin, 19. August 2014

Initiativbewerbung
EDV, Marketing und organisatorische Problemlösungen

Sehr geehrter Herr Dr. Mayer,

auf Empfehlung von Herrn Heinrich wende ich mich direkt an Sie und überreiche Ihnen meine Bewerbungsunterlagen.

Meine Arbeits- und Fähigkeitsschwerpunkte liegen auf den Gebieten EDV, Marketing und Organisation. Ich habe Führungserfahrung und bin auf dem IT-Sektor durch autodidaktische Studien und gezielte Fortbildungen auf einem aktuellen und umfassenden Wissensstand.

Aus persönlichen Gründen strebe ich eine Tätigkeit im Raum Kassel an.

Über die Gelegenheit zu einem persönlichen Gespräch freue ich mich.

Mit freundlichen Grüßen

Gabriela Grünwald-Gerlach

Anlage
Bewerbungsmappe

Vertrauen ist für alle Unternehmungen
das größte Betriebskapital, ohne welches
kein nützliches Werk auskommen kann.
Es schafft auf allen Gebieten die Bedingungen
gedeihlichen Geschehens.
(Albert Schweitzer)

GABRIELA GRÜNWALD-GERLACH
Stresemannstraße 27
10963 Berlin
Telefon: 030 2812222
E-Mail: G.Gruenwald@t-online.de

BEWERBUNG

im Bereich
EDV, Marketing und organisatorische Problemlösungen
der
Mayer Marketing GmbH
Kassel

GABRIELA GRÜNWALD-GERLACH

Stresemannstraße 27
10963 Berlin
Telefon: 030 2812222
E-Mail: G.Gruenwald@t-online.de

Gabriela Grünwald - Gerlach

Zur Person
geboren am 16. Februar 1975 in Zürich

schweizerische und deutsche
Staatsangehörigkeit

verheiratet, ortsunabhängig,
wir haben einen 10-jährigen Sohn

Ausbildungshintergrund
EDV-Fachfrau

Berlin, 19. August 2014

ICH BIETE IHNEN ...

Problemlösungen in den Bereichen
EDV, Marketing und Organisation.
Mein Arbeitsstil ist geprägt durch ...

- schnelles Auffassungsvermögen
- einen geübten Blick für das Wesentliche
- ein hohes Maß an Selbstständigkeit, Disziplin und Eigenverantwortung
- die Fähigkeit, schnell innovative Lösungen zu finden

BERUFLICHER HINTERGRUND

seit Febr. 2013	Paritätischer Wohlfahrtsverband Berlin Leiterin IT und Marketing Internet- und Spendenmarketing Öffentlichkeitsarbeit und Organisation bei der Vorbereitung der Jubiläumsfeierlichkeiten Vernetzung der EDV-Anlage, Systemadministration und Schulung der 100 Mitarbeiter
2008 – 2012	Systemadministratorin und Verantwortliche für EDV-Lösungen bei der Deutschen Kaufmännischen Akademie, Berlin
2005 – 2008	EDV-Systembetreuung und Netzwerk-Administratorin beim Katholischen Jugendwerk, Berlin
2005	Mitarbeit in der Abteilung Programmierung beim Software-Haus Picosoft, Berlin Umzug nach Berlin
2000 – 2004	Mitarbeit bei der Verlagsdruckerei Projekt 90 in Zürich Organisation, EDV, Grafik, Satz und Fotografie Leiterin der Bildredaktion bei der Zeitung »Die Nachricht« in Zürich
1997 – 2000	Software-Entwicklung unter Fortran IV im Bereich Industrial Engineering an der Technischen Universität, Zürich

SCHULBILDUNG

1995 – 1997	Zugangsprüfung zur technischen Fachhochschule Abschluss (Fach-Abitur) als EDV-Ingenieurin
1992 – 1995	Berufsbildende Fachoberschule Ausbildung zur Programmiererin
1982 – 1992	Grund- und Realschule in Zürich

Kommentar Seite 44

WEITERBILDUNG

2011

Informationstechnologische Akademie Berlin:
» Marketing und Digitales Marketing
mit allgemeiner Betriebswirtschaftslehre «
Abschlussnote: 1,4

2009

Weiterbildung an der Freien Universität Berlin:
» EDV-Anwendung in der kaufmännischen Sachbearbeitung «
Abschlussprüfung bei der IHK Berlin, Abschlussnote: 1,25

BESONDERE KENNTNISSE

EDV

- vertiefte Kenntnis der Betriebssysteme Windows 7/8
- LAN- und DFÜ-Netzwerk unter Windows Vista
- umfassende Kenntnis des Betriebssystems MS-DOS
- sehr gute Kenntnis der Umgebung Windows XP/7/8
- alle gängigen Office-Professional-Anwendungsprogramme
- vertiefte Erfahrungen im Einsatz von Adobe Illustrator, Adobe Photoshop und QuarkXPress bei der Herstellung von grafischen Erzeugnissen
- Programmierumgebung Turbo Pascal und Delphi

Fotografie

berufliche Erfahrungen bei der Zeitung und im Verlagswesen
Reportage und Illustration
mehrere Ausstellungen von digital verfremdeten Bildern

Sprachen

Englisch, Italienisch, Französisch

Hobbys

Computergrafik, Bildbearbeitung, Fraktalgrafik,
Multimedia, Fotografieren und Bergwanderungen in den Alpen

Beruflich …

bin ich flexibel und offen für

- projektbezogene oder globale Aufgaben im IT-Bereich
- Voll- oder Teilzeitbeschäftigung
- freie oder feste Mitarbeit

Berlin, 19. August 2014 Gabriela Grünwald-Gerlach

 Kommentar Seite 44

Zu den Unterlagen von Gabriela Grünwald-Gerlach, EDV-Fachfrau

Das **Anschreiben** dieser Initiativbewerbung bezieht sich auf eine persönliche Empfehlung, bringt kurz und knapp auf den Punkt, was die Kandidatin anzubieten hat, und benennt ihre Bewerbungsmotive. Ein gelungenes Beispiel für einen prägnanten Auftakt, auch wenn in den wenigsten Fällen das Anschreiben zuerst gelesen wird.

Die Briefkopfgestaltung mit der aus kleinen eckigen Elementen bestehenden Linie fällt durchaus positiv auf, ist aber Geschmackssache. Insgesamt eine gute Demonstration, dass sich das Anschreiben auf wenige Zeilen beschränken kann, wenn man weiß, welche Botschaft man vermitteln will, und die folgenden Unterlagen entsprechend aufbereitet sind.

Einzige minimale Kritik: Die Kandidatin verwendet die unterschiedlichen Abkürzungen EDV und IT. Besser wäre die Verwendung einer einheitlichen Abkürzung.

Das **Deckblatt** eröffnet die eigentlichen Bewerbungsunterlagen. Es übernimmt bereits Informationsfunktionen, die früher traditionell der Lebenslauf hatte. Schon hier auf dem Deckblatt wäre ein **Foto** denkbar.

Unsere Kandidatin hat sich aber mit ihrem sympathisch-quadratischen Foto (Kopf ganz leicht angeschnitten), das von ihr auch noch unterschrieben (starkes Persönlichkeitsmerkmal) worden ist, für die folgende **Einleitungsseite** entschieden. So ist die Spannung größer. Unter dem Foto folgen dann die wichtigsten Sozialdaten und etwas mehr. Sehr geschickt aufbereitet!

Diese und die folgenden beiden Seiten ihres interessant aufgemachten **Lebenslaufs** (hier braucht es keine derartige Überschrift; wenn man unbedingt eine Überschrift setzen möchte, ist »Beruflicher Werdegang« oder »Beruflicher Hintergrund« treffender) sind dramaturgisch sehr interessant gestaltet und übermitteln wichtige Informationen auf höchst angenehme Art und Weise. Absolut zeitgemäß ist die sogenannte »amerikanische« Form der Lebenslaufgestaltung, die nicht mit dem Kindergarten und der Grundschule beginnt, sondern mit der aktuellen beruflichen Position. Besser kann man einen Überblick über den eigenen Werdegang, kombiniert mit wichtigen »Werbebotschaften« kaum gestalten.

Nach der Aufzählung der Hobbys kommt die Bewerberin noch einmal – und das ist an dieser Stelle eine kleine Novität – auf ihr Angebot zurück.

In der Originalbewerbung fügt sich noch ein übersichtliches Anlagenverzeichnis an, auf dessen Darstellung wir hier verzichten.

Noch ein Hinweis: Beim Unterschreiben sollte der Vorname unbedingt voll ausgeschrieben werden (gilt für Anschreiben und Lebenslauf), was hier vorbildlich umgesetzt wurde!

Einschätzung

Ein gelungenes Beispiel für eine Initiativbewerbung. Die interessante Präsentation der eigenen »Werbebotschaft« verdient ein klares »gut«, wenn nicht sogar eine bessere Beurteilung.

3. Lektion Das ist bei Ihren schriftlichen Unterlagen besonders wichtig

Was jetzt zählt: Ihre persönliche Botschaft (»Ich bin Ihr Problemlöser«) dem Empfänger überzeugend zu vermitteln. Denn in der Regel entscheiden Ihre schriftlichen Unterlagen, ob sich auf Auswählerseite Interesse an Ihrer Person und Mitarbeit entwickelt. In der Konsequenz verbindet sich das dann mit dem Wunsch, Sie näher kennenlernen zu wollen.

Häufig wird zuallererst telefonisch Kontakt aufgenommen. Seien Sie darauf gut vorbereitet und überlegen Sie genau, was Sie Ihrem Empfänger und potenziellen Auftraggeber über Ihre Kompetenz, Ihre Leistungsmotivation und Ihre Persönlichkeit (Wesensart) mitteilen wollen.

STEFAN SCHMIDT DIPLOM-BETRIEBSWIRT

MOHRSTRASSE 73 • 80939 MÜNCHEN • TELEFON: 089 8814903 • E-MAIL: S.SCHMIDT@T-ONLINE.DE

Manpower Personaldienstleistungen
Personaldirektion
Dr. Franke
Wiesbadener Str. 40
51065 Köln

München, 8. Juli 2014

Bewerbung als Niederlassungsleiter
Ihre Anzeige im Kölner Stadtanzeiger vom 06. Juli 2014

Sehr geehrter Herr Dr. Franke,

nach dem freundlich-informativen Telefonat mit Herrn Müller-Berger erhalten Sie hier meine Bewerbungsunterlagen. Im Folgenden eine kurze Darstellung meiner Person:

- Diplom-Betriebswirt, Kommunikationstechniker, 39 Jahre alt
- über 10 Jahre IBM-Berufserfahrung, Gebietsleiter (Teamleiter)
- hoch motiviert, leistungsstark und zielorientiert
- Erfahrung in Personaldienstleistungen

Meine Gehaltsvorstellung liegt im Bereich bei 80 000 Euro p. a. Ein optimaler Eintrittstermin wäre für mich der 1. Oktober 2014.

Über eine Einladung zu einem persönlichen Gespräch freue ich mich.

Mit freundlichen Grüßen

Anlagen

BEWERBUNGSUNTERLAGEN
KENNZIFFER 229

MANPOWER PERSONALDIENSTLEISTUNGEN

STEFAN SCHMIDT
Diplom-Betriebswirt

Mohrstraße 73
80939 München

 Kommentar Seite 51

STEFAN SCHMIDT

Mohrstraße 73
80939 München

Telefon: 089 8814903
E-mail: s.schmidt@t-online.de
geboren am 13. August 1974 in Berlin
ledig, keine Kinder

RESÜMEE

berufliche und persönliche Kenntnisse, Erfahrungen und Fähigkeiten

IBM

Vom Trainee bis zum Gebietsleiter (Umsatz 12 Mio. Euro) habe ich mir, aufbauend auf dem Studium der Betriebswirtschaft, wichtige Kenntnisse und Fertigkeiten in der freien Wirtschaft angeeignet.

USA

Auslandserfahrung, mit Abschluss eines „High School Diploma", hat meinen Horizont wesentlich erweitert.

ZIEL

Zu meinen wichtigen persönlichen Eigenschaften gehört die Fähigkeit, mir Ziele zu setzen und diese dann gemeinsam mit meinen Partnern zu erreichen.

STEFAN SCHMIDT DIPLOM-BETRIEBSWIRT

MOHRSTRASSE 73 • 80939 MÜNCHEN • TELEFON: 089 8814903 • E-MAIL: S.SCHMIDT@T-ONLINE.DE

LEBENSLAUF

BERUFSPRAXIS

Juli 2009 **Juni 2014**		IBM Communication Deutschland, München Gebietsleiter für die NBL Vertriebsbeauftragter

- Gebietsleiter (Teamleiter einer 4er-Gruppe) Umsatzverantwortung für 12 Mio. Euro p. a. Betreuung der autorisierten Händler
- Portefeuille-Analysen und Erarbeitung von Marketingstrategien
- Vertriebsbeauftragter für Multimedia
- Projektleiter für Industriemessen
- Projektleitung für die Neuentwicklung von CD-ROMs auf dem Telefonmarketingsektor

März 2004 **Juni 2009**	IBM Telekom Deutschland, Frankfurt am Main Bereich Feinmarketing

- Leitung eines Projektes für den Europäischen Markt im Bereich der Bankautomation
- Planung der Logistik und Materialbestellung

Okt. 1999 **Dez. 2001**	Job-Zeitarbeit GmbH, Hamburg Bereichsstellenleiter

STEFAN SCHMIDT DIPLOM-BETRIEBSWIRT

MOHRSTRASSE 73 • 80939 MÜNCHEN • TELEFON: 089 8814903 • E-MAIL: S.SCHMIDT@T-ONLINE.DE

STUDIUM UND BERUFSAUSBILDUNG

Sept.	**2002**	Schule für Kommunikation und EDV, Nixdorf AG
Febr.	**2004**	Abschluss: Kommunikationstechniker
Jan.	**2002**	Auslandsaufenthalt in London, GB
Aug.	**2002**	Sprachintensivkurs
Okt.	**1995**	Fachhochschule für Wirtschaft, Hamburg
Sept.	**1999**	Abschluss: Diplom-Betriebswirt

SCHULAUSBILDUNG

Apr.	**1993**	Oberstufenzentrum für Wirtschaft, Hamburg	
Juli	**1995**	Abschluss: Abitur	
Aug.	**1992**	Austauschschüler in den USA	Sprachkenntnisse
Juli	**1993**	High School in Baltimore / USA	
		Abschluss: High School Diploma	
Aug.	**1985**	Heinrich-Heine-Gymnasium, Hamburg	
Juli	**1992**		

WEITERE TÄTIGKEITEN

Juli	**1995**	zur Finanzierung des Studiums Tätigkeiten im Gastronomiebereich sowie
bis Dez.	**1999**	als wissenschaftlicher Mitarbeiter bei Steuerberater Wilske, Hamburg

ENGAGEMENT UND HOBBYS

Leitung einer Jugendgruppe im Paritätischen Wohlfahrtsverband Berlin (Ausbildung zum Jugendleiter)

Golf und Tauchen
Mitglied im Golfclub Hohenkremmen

München, 08. Juli 2014 Stefan Schmidt

STEFAN SCHMIDT DIPLOM-BETRIEBSWIRT

MOHRSTRASSE 73 • 80939 MÜNCHEN • TELEFON: 089 8814903 • E-MAIL: S.SCHMIDT@T-ONLINE.DE

WIE ICH WURDE, WAS ICH BIN

Meine privaten und beruflichen Aufenthalte in angloamerikanischen Ländern wie den USA und England prägten nachhaltig meinen Wunsch, möglichst in einem amerikanisch geführten Unternehmen zu arbeiten.

In über zehn Jahren vielseitiger IBM-Erfahrung, zunächst als Trainee und später als Gebietsleiter im Vertrieb, konnte ich mir einen sehr guten Überblick über das Zusammenspiel der verschiedenen Bereiche in einem Unternehmen erarbeiten. Mit Kundenkontakten auf jeder Ebene, Verkauf und Logistik bin ich bestens vertraut. Umsatz- und Marketingziele sind für mich persönliche Herausforderungen, denen ich mich gern und mit hohem Engagement stelle.

Teamgeist, Durchsetzungsvermögen und Lernbereitschaft kennzeichnen mich ebenso wie meine Fähigkeit, guten Kontakt zu Mitmenschen aufzubauen, um gemeinsam mit ihnen etwas zu bewegen und zu erreichen.

Stefan Schmidt

Zu den Unterlagen von Stefan Schmidt, Niederlassungsleiter

Ein prägnantes, sehr übersichtliches **Anschreiben** zur Eröffnung. Die persönliche Ansprache und der Text weisen auf ein vorab geführtes Telefonat hin, das dem Bewerbungsvorhaben sicherlich dienlich ist. Die gelungene Kurzpräsentation der vier wichtigsten Botschaften ist wirklich beispielhaft: beruflicher Ausbildungshintergrund und Alter, Berufserfahrung, persönliche Eigenschaften, spezielle berufliche Kenntnisse und Erfahrungen.

Die dann vorgetragenen Daten zur Gehaltsvorstellung und zum frühesten Eintrittstermin waren in der Anzeige explizit erbeten. Der Kandidat hatte keine Chance, sich hier weiter »bedeckt« zu halten, hat aber auch dieses Problem kurz und präzise gelöst.

Das **Deckblatt** ist klar und übersichtlich und würde bereits Platz für das Foto bieten. Die präsentierten Angaben zu Empfänger und Absender sind sinnvoll reduziert (z. B. Verzicht auf die Anschrift des Empfängers, Weglassen der Telefonnummer des sich bewerbenden Absenders).

Die sich anschließende **erste Übersichtsseite** mit Foto, persönlichen Daten und Resümee überrascht in ihrer klaren, informativen und präzisen Gestaltung. Hier ist auch ein guter Platz für das **Foto** (neben den Daten zur Person). Dieser Kandidat schaut den Betrachter seiner Unterlagen sehr direkt an. Hier entsteht schnell ein Kontakt. Ob sympathisch oder nicht – entscheiden Sie es, aber eins ist sicher: Das ist kein Schnappschuss vom Automaten. Unsere Empfehlung: Suchen Sie sich Ihren Fotografen unbedingt sorgfältig aus. Etwas quadratischer hätte uns das Foto noch besser gefallen. Die gewählte Überschrift (Resümee) mit Erklärungszeile sowie die drei folgenden Kurztitel der Infoblöcke verführen zum Lesen und sind inhaltlich spannend gestaltet. Als Leser gewinnt man den Eindruck: Da bringt jemand sehr wirksame Botschaften rüber! Grafisch sind die Unterlagen exzellent gestaltet. Auf einen Blick lässt sich das Wesentliche schnell erfassen. Und: Man wird neugierig auf die folgenden Seiten. Schon jetzt sind die Weichen für den Kandidaten positiv gestellt. Ebenfalls sehr angenehm: die ästhetische Kopfzeile mit Namen, Berufsbezeichnung und Kontaktdaten. Der Leser der Unterlagen weiß also stets, mit wem er es zu tun hat.

Apropos Ästhetik: Wenig Text und viel an weißer Seite lassen die Beschäftigung mit den Unterlagen nie schwer oder gar mühevoll erscheinen. Die geschickt gewählte Schriftart und -auszeichung (Fettung, Groß- und Kleinschreibung) trägt ganz wesentlich dazu bei.

Beim **Lebenslauf** wird mit der Berufspraxis und den neuesten Daten begonnen. Dieser Lebenslauf erfüllt alle wichtigen Kriterien: interessante, präzise Informationen, sehr ästhetisch und damit leicht lesbar präsentiert, also keine Bleiwüste.

Die nächste Seite informiert über Studium, Berufs- und Schulausbildung und endet mit Informationen zu Engagement und Hobbys.

Die von uns entwickelte »**Dritte Seite**« hat eine etwas provokant wirkende Überschrift, die aber durch den folgenden Inhalt gerechtfertigt erscheint. Die Gliederung und die relativ kurzen Absätze machen den Text nicht nur gut lesbar, sondern tragen mit dazu bei, die Botschaft glaubwürdig zu vermitteln. Die hier getroffenen Aussagen runden den guten Eindruck des Bewerbers ab und führten übrigens in der Bewerbungsrealität zu einer ganzen Serie von Einladungen – mit der Konsequenz, dass sich der Kandidat unter mehreren attraktiven Arbeitsplatzangeboten das interessanteste aussuchen konnte. Es ist deutlich zu spüren, dass der Bewerber sich vorher genau überlegt hat, welches Bild er von sich zu vermitteln beabsichtigt. Das Ergebnis rechtfertigt die Vorbereitungsmühen voll und ganz.

An dieser Stelle, liebe Leserin, lieber Leser: Haben Sie bemerkt, dass sich unser Kandidat aus einer eben eingetretenen Arbeitslosigkeit beworben hat?

Einschätzung

Top! Sehr, sehr gut.

BEWERBUNGSUNTERLAGEN ALS VORSTANDSSPRECHERIN
DER STÄDTISCHEN KLINIKEN DER HANSESTADT LÜBECK

Hamburg, 22.09.2014

Rita Randolfi
Priv. Doz. Dr. med., MBA

Name	Priv. Doz. Dr. med. Rita Randolfi, MBA
geboren	am 01.03.1961 in Hamburg
Familienstand	verheiratet, eine erwachsene Tochter
Adresse	Christoph-Lang-Straße 12, 20220 Hamburg
Telefon	040/759381
Fax	040/759382
Mobil	0172/1990011
E-Mail	Randolfi-Rita@t-online.de
Profil	– Fachmedizinerin in Anästhesie, Intensivmedizin, Schmerztherapie mit langjähriger Personalführungserfahrung und Dozententätigkeit – 2-jährige betriebswirtschaftliche Zusatzausbildung, MBA an der Wirtschaftsfachhochschule Frankfurt a. M. – langjährige Erfahrung in der Leitung von anästhesiologischen und intensivmedizinischen Abteilungen – Privatniederlassung als Akupunktur-Medizinerin, Schmerztherapeutin und Naturheilverfahren – Verantwortung für Personal- und Sachmittelbudgets oberhalb von 3,5 Mio. € p. a. und bis zu 45 Mitarbeiter/-innen – Expertin für OP-Restrukturierung und OP-Management – mehrjährige Gremientätigkeit im Vorstand einer wissenschaftlichen Gesellschaft – Lehrbefähigung und Lehrbefugnis für das Fach Intensivmedizin an der Universität Hamburg-Eppendorf
Angestrebte Position	Vorstandssprecherin für das ärztliche Direktorium der städtischen Kliniken der Hansestadt Lübeck
Aktuelle Position	Chefärztin am Klinikum für Anästhesiologie und Intensivmedizin, Universität Hamburg-Eppendorf
Besondere Fähigkeiten	hohe Kontakt- und Kommunikationsfähigkeit, starke Ziel- und Problemlösungsorientierung, ausgeprägte Führungs- und Überzeugungsstärke
Interessen / Hobbys	– Organisation von Fort- und Weiterbildungsveranstaltungen – Vortragstätigkeit in unterschiedlichen Themenbereichen – ehrenamtliche Leitungstätigkeit im Lebensrettungsdienst – Tauchen, Segeln, überhaupt jede Form von Wassersport und: ich spiele Cello und liebe klassische Musik

Rita Randolfi

Bewerbung vom 22.09.2014

Beruflicher Werdegang

Juli 2013	Verleihung des akademischen Grades eines „Master of Business Administration“, WFH Frankfurt a. M.
2011 – 2013	Berufsbegleitendes Studium an der Wirtschaftsfachhochschule „Betriebswirtschaft für Mediziner“ (6 Semester)
seit 2006	Chefärztin am Klinikum für Anästhesiologie und Intensivmedizin, Universität Hamburg-Eppendorf
seit April 2003	Vorstandsmitglied im Präsidium der Deutschen Gesellschaft für Schmerztherapie (DGST e.V.)
2002 – 2005	Oberärztin an der Klinik für Anästhesie, Operative Intensiv- und Rettungsmedizin, Klinikum Flensburg, Akademisches Lehrkrankenhaus der Universität Flensburg
Juli 2002	Lehrbefähigung und Lehrbefugnis für das Fach Anästhesiologie, Universität Hamburg-Eppendorf
Dezember 2000	Ernennung zur Oberärztin
März 2000	Fakultative Weiterbildung Spezielle Anästhesiologische Intensivmedizin
März 1996	Anerkennung als Ärztin für Anästhesie
ab Juli 1991	Assistenzärztin am Institut für Anästhesiologie und operative Intensivmedizin, Zentralklinikum Kiel
Mai 1991	Fachkundenachweis Rettungsdienst
April 1990	Promotion an der Medizinischen Fakultät der Universitätskliniken Hamburg-Eppendorf
1989 – 1991	Assistenzärztin im Landeskrankenhaus Hamburg, Abteilung 9: Anästhesiologie und Intensivmedizin

Rita Randolfi

Bewerbung vom 22. 09. 2014

Studium

1981 – 1988 Studium der Human-Medizin an der Medizinischen Fakultät der Universitätskliniken Hamburg-Eppendorf

März 1989 3. Abschnitt der Ärztlichen Prüfung / Approbation als Ärztin

Schulausbildung

1972 – 1981 Abschluss Abitur am Immanuel Kant Gymnasium, Hamburg (mathematisch-naturwissenschaftlicher Zweig)

Wissenschaftlicher Werdegang

seit 1991 Bearbeitung wissenschaftlich relevanter Fragestellungen aus dem gesamten Gebiet der operativen Intensivmedizin wie künstliche Ernährung, Beatmungstherapie und Sepsistherapie in Kooperation mit unterschiedlichen Universitätskrankenhäusern und weiteren Institutionen

Publikationen

20 Originalarbeiten, 12 Reviews, 15 Buchbeiträge, 18 Abstracts

Lehr-/Prüfungstätigkeit

Beteiligung an Lehrveranstaltungen der Universitätskliniken Hamburg, Kiel und Bremen,
damit verbunden Prüfungstätigkeiten
Staatsexamen im Studiengang Humanmedizin

Hamburg, 22.09.2014

Rita Randolfi

Rita Randolfi

Bewerbung vom 22.09.2014

Zu den Unterlagen von Rita Randolfi, Vorstandssprecherin

Lediglich aus Platzgründen sehen wir hier nicht das gelungene **Anschreiben**.

Ein einfaches, aber grafisch höchst gelungenes **Deckblatt** mit Foto fasziniert gleich zu Beginn. Sehr gut gemacht!

Zum Foto: Was für ein Hingucker! Diese Kandidatin blickt uns sympathisch und aufgeweckt an. Der leicht angeschnittene Kopf und das interessante Format mit viel freier Fläche lassen den Funken schnell überspringen und Interesse bis Neugierde entstehen. Und darauf kommt es an!

So durch Deckblatt und Foto neugierig geworden, blättert der Empfänger um und stößt auf eine erste Seite des **CV**, ohne die übliche langweilige Lebenslauf-Überschrift vorgesetzt zu bekommen. Stattdessen werden zuerst die Sozialdaten auf angenehme Weise präsentiert. Es folgt eine sehr differenzierte **Profil-Beschreibung**. Sehr gut gemacht! Die ganze Seite ist höchst informativ: Neben Ausgangsposition und angestrebter Position werden sowohl besondere Fähigkeiten als auch Interessen und Hobbys dargestellt. Beispielhaft!

Der nun folgende **berufliche Werdegang** ist schlicht, aber gut präsentiert. Er nimmt eine ganze Seite ein und ist doch so übersichtlich und leicht konsumierbar, dass es keinerlei Mühe macht zu folgen.

Die sich anschließende Seite mit Ausbildungsgang, wissenschaftlichen Arbeiten und Lehr- sowie Prüfungstätigkeiten runden den sehr guten CV ab. Bei den Publikationen könnte auch ein Hinweis stehen, dass eine Publikationsliste gern zur Verfügung gestellt werden kann. Diese Inhalte sind typisch für den Lebenslauf einer Medizinerin / eines Mediziners, zeigen aber auch allen anderen Leserinnen und Lesern dieses Buches, was möglich ist. Überlegen Sie einmal, welche außergewöhnlichen Rubriken in Ihrem beruflichen Werdegang zum Tragen kommen könnten.

Was wir vermissen: Seitenzahlen. Diese könnten hier leicht eingefügt werden.

Wir verzichten an dieser Stelle auf die Präsentation des **Anlagenverzeichnisses**.

Einschätzung

Eine ästhetisch sowie inhaltlich sehr gelungene Bewerbung, die die Kandidatin unter Dutzenden von hoch qualifizierten Bewerbern ganz weit nach vorn gebracht hat.

4. Lektion Ein guter Leitfaden für die Erstellung Ihrer Unterlagen

Es geht um den ersten guten Eindruck. In der Werbepsychologie gibt es eine Grundformel, die beschreibt, wie Wirkung erzielt werden kann: die AIDA-Formel.

- **A** für attention (Aufmerksamkeit erzeugen)
- **I** für interest (Interesse wecken)
- **D** für desire (Wunsch auslösen, zum Vorstellungsgespräch einzuladen)
- **A** für action (die Aktivität, also die Einladung auslösen)

Ziel muss es sein, Aufmerksamkeit und Interesse zu wecken, um den Schritt »Einladung zu einem Vorstellungsgespräch« auszulösen. Stellen Sie alle wichtigen Argumente, die Sie vorzubringen haben (Aufgaben, Ergebnisse), in kurzer, komprimierter Form dar.

Je mehr Wertschätzung Sie Ihrem potenziellen Arbeitgeber durch eine gründlich vorbereitete Bewerbung entgegenbringen, desto höher ist Ihre Chance, zu einem Vorstellungsgespräch eingeladen zu werden.

Bewerbungsunterlagen
für die Gelbe Seiten Verlags GmbH, Hamburg

Christina Christmann

Christina Christmann, M.A.
Marketing- und Unternehmensanalystin,
Online-Redakteurin

Erich-Weinhold-Straße 22
20449 Hamburg
Telefon: 040 6173487
Mobil: 0173 7727163
E-Mail: christina.christmann@gmx.de
Web: www.christinachristmann.de

geboren am 22. Juni 1971 in Flensburg

unverheiratet, in fester Partnerschaft lebend
zwei Kinder, im Alter von 10 und 12 Jahren
mobil, reisebereit, Führerschein, Auto

 Kommentar Seite 63

Kurzprofil

- **Langjährige Marketing-Fachfrau und Unternehmensanalystin** wichtiger Wirtschaftsbranchen sowie der gesamtwirtschaftlichen Entwicklung in Deutschland beim Gesamtverbund der norddeutschen Volks- und Raiffeisenbanken und deren Finanzpartnern mit der Aufgabe der Koordination und Leitung von über 100 Branchen- und Wirtschaftsberichten, dem Publizieren von Fachartikeln, dem Erstellen und Durchführen von Vorträgen, Workshops sowie der Erstellung von Konzepten und Moderationen für Tagungen

- **Verantwortliche Online-Redakteurin** der Sparte Firmenkundenkredit für den zentralen Internetauftritt www.volkseisen.de,
  Verfasserin von Wirtschafts- und Börsenberichten und Berichten zu anderen wichtigen finanzwirtschaftlichen Themen

- **Langjährige Werbetexterin und Autorin** von Pressetexten sowie Editorin einer Website für Finanzinformationen

- **Qualitätssicherung und Kontrolle** des inhaltlichen und sprachlichen Auftrittes von Online-Diensten, Publizieren von Inhalten im Intranet, Redigieren und Texten von redaktionellen Beiträgen, Konzeption und Realisierung von Werbemedien

- **Ich habe die Fähigkeit**, komplizierte Sachverhalte in leicht verständlichen und pointierten Texten gut darzustellen sowie umfassende Analysen und komplexe Themen sicher auf den Punkt zu bringen

- Bislang war ich tätig als
  Referentin für den Norddeutschen Verbund Volks- und Raiffeisenbanken
  Online-Redakteurin für www.volkseisen.de
  Printeditorin für HM Hotel-Magazin, Food & Beverage
  Konzeptionstexterin für verschiedene Fachbuchverlage

Christina Christmann, M.A. • Erich-Weinhold-Straße 22 • 20449 Hamburg
0173 7727163 • christina.christmann@gmx.de • www.christinachristmann.de

Beruflicher Werdegang *Teil 1*

01/2009 – 06/2014 **Referentin für Wirtschaftsmedien-Service-Dienste**
Norddeutscher Verbund Volks- und Raiffeisenbanken, NVVR, Hamburg

- **Herausforderung:** Planung, zeitliche Steuerung und Monitoring des jährlichen Berichtsprogramms von über 100 Branchenreports, davon etwa 25 Berichte in eigener redaktioneller Verantwortung
- **Personalverantwortung** für 2 Redakteure und bis zu 4 Volontäre und 2 Praktikanten
- Koordination und Betreuung der Kooperationspartner bzw. Autoren
- Verantwortung für Qualitätsstandards und deren Umsetzung
- Schlussredaktion von Branchenreports und Branchenprognosen und Wirtschaftsanalysen
- Verfassen von Fachartikeln
- Bearbeiten von Anfragen zum Branchenservice
- Vorbereitung und Durchführung von Workshops
- Vorträge über Branchenentwicklungen und die Rolle der Wirtschaftsmedien-Service-Dienste, insbesondere Solarenergien, dazu Bauhaupt- und Baunebengewerbe sowie Handwerksbranchen
- Konzeption, Realisation und Leitung eines jährlich stattfindenden Autorentages
- Sachliche Prüfung von Autorenabrechnungen

Besondere Erfolge und Leistungen:

- Maßgebliche Mitwirkung an der Neuausrichtung des Medienservice für Volks- und Raiffeisenbanken und deren Finanzpartner
- Gewinnung von Autoren für Branchenreports und Branchenanalysen und -prognosen
- Projektleitung bei der Planung eines Multimedia-Informationssystems und seiner Umsetzung
- Profilierung als Expertin für Solarenergien innerhalb der norddeutschen Volks- und Raiffeisenbanken
- Konzeption und Verantwortung für die Realisierung eines Werbespots für den Medienservice-Dienst

Christina Christmann, M.A. • Erich-Weinhold-Straße 22 • 20449 Hamburg
0173 7727163 • christina.christmann@gmx.de • www.christinachristmann.de

Beruflicher Werdegang *Teil 2*

06/2004 – 12/2008 **Online-Redakteurin**
Volks- und Raiffeisenbanken Finanzportal GmbH, Hamburg, www.volkseisen.de

- **Herausforderung:** Aufbau und Entwicklung
- des Bereichs Firmenkreditkunden
- **Personalverantwortung** für bis zu 3 Volontäre
- Verfassen fünfmal wöchentlich erscheinender Wirtschaftberichte und Analysen
- Erstellen dauerhafter Beiträge zum Firmenkreditkundengeschäft inklusive Recherche
- Leitung einer Kooperation mit t-online.de im Bereich Firmenkreditkundengeschäft
- Inhaltliche Zusammenarbeit mit N-24 für eine wöchentliche Wirtschaftszahlen-Sendung
- Verantwortung und Qualitätssicherung der inhaltlichen und sprachlichen Corporate Identity
- Monitoring der Zugriffszahlen auf volkseisen.de
- Online-Präsentation des Finanzierungswettbewerbs Sum it Up, Medienarbeit
- Umsetzung von Direktiven des Norddeutschen Verbunds Volks- und Raiffeisenbanken, NVVR

Besondere Erfolge und Leistungen:

- Kommunikation der Eigenkapitalrichtlinie ‚Basel II' im Namen der Volks- und Raiffeisenbankengruppe
- Mitarbeit an einer Kooperation mit stern.de sowie Beiträge für die Sonntags-Beilage der FAZ
- Auszeichnung: *Online-Print-Medaille* mit volkseisen.de

09/2001 – 05/2004 **Print-Editorin und Schlussredakteurin**
Hotel Magazin Food & Beverage GmbH, Kiel

- **Herausforderung:** Redigieren, Publizieren und Texten von redaktionellen Beiträgen
- Weiterentwicklung des Internetauftrittes
- **Personalverantwortung** für bis zu 2 Praktikanten
- Verantwortung und Qualitätssicherung der inhaltlichen und sprachlichen Corporate Identity
- Einarbeitung neuer Mitarbeiter/-innen
- enge Zusammenarbeit mit englischen Kollegen in London und Leeds
- Lektorat für „Das Investment-Dschungelbuch"

Christina Christmann, M.A. • Erich-Weinhold-Straße 22 • 20449 Hamburg
0173 7727163 • christina.christmann@gmx.de • www.christinachristmann.de

Beruflicher Werdegang

Teil 3

01/1998 – 06/2001 **Konzeptionstexterin**
STEIN Baufachverlage GmbH, Kiel

- **Herausforderung:** Konzeption, Planung, Texten und Realisieren von Werbemedien
- **Personalverantwortung** für zeitweilig 1 Volontär
- Erstellen von Pressetexten
- Koordination und Zusammenarbeit mit externen Text- und Foto-Agenturen sowie mit freien Fotografen

Besondere Erfolge und Leistungen:

- verantwortlich für die Public Relation des STEIN-Architekturhauspreises 2002
- Konzeption, Durchführung und Ergebnispräsentation von Kundenbefragungen

07/1997 – 12/1997 **Freie Mitarbeiterin in der Marktforschung**
Clever Kids & Youth International Research, Bremen

- Interviews und qualitative Auswertungen
- Kategorisieren offener Fragen
- Auswertung von Umfragebögen

01/1996 – 04/1996 **Redaktionspraktikum bei einem Radiosender**
Radiowelle Nordsee, Bremerhaven

- Erstellung von sendefertigen Beiträgen zu lokalen und nationalen Themen
- Berichterstattung über einen großen Strafgerichtsprozess

07/1994 – 10/1994 **Zeitungspraktikum bei den Bremer Nachrichten**
Bremen

- Recherche und Texterstellung zu lokalen und nationalen Themen von Interesse für die Lokalredaktion
- Berichterstattung über einen Korruptionsfall in Bremen

Christina Christmann, M.A. • Erich-Weinhold-Straße 22 • 20449 Hamburg
0173 7727163 • christina.christmann@gmx.de • www.christinachristmann.de

Ausbildung

Studium

1990 – 1996	Universität Bremen Hauptfach: Soziologie Nebenfächer: Politikwissenschaft, Volkswirtschaft, Marketing und Unternehmensführung *Abschluss:* Magister Artium M. A. Studentische Mitarbeiterin am Lehrstuhl für Soziologie von Prof. Dr. Peter Schneider, Vorbereitung und Korrektur von Klausuren

Schulen

1977 – 1990	Grundschule und Gymnasium in Flensburg *Abschluss:* Abitur

Sprachkenntnisse

Englisch	übersetzungs- und verhandlungssicher
Französisch	verhandlungssicher
Dänisch	solide Grundkenntnisse

EDV-Kenntnisse

Sehr gute Office-Kenntnisse, insbesondere Word, Excel und PowerPoint; verschiedene Content Management Systeme, Lotus Notes, umfangreiche Interneterfahrung

Hamburg, 30.07.2014 Christina Christmann

Christina Christmann, M.A. • Erich-Weinhold-Straße 22 • 20449 Hamburg
0173 7727163 • christina.christmann@gmx.de • www.christinachristmann.de

Zu den Unterlagen von Christina Christmann, Marketing- und Unternehmensanalystin, Online-Redakteurin

Wir verzichten hier auf die Darstellung des **Anschreibens**, das die Kandidatin in der Realität selbstverständlich mitgeliefert hat und das im Design bestens zu dem CV passt.

Das **Deckblatt** ist ansprechend und kompakt. Nach der Überschrift folgt ein sehr sympathisches, freundliches Porträtfoto mit Unterschrift. Ein perfekter emotionaler Werbeträger in eigener Sache!

Das **Foto** auf dem **Deckblatt** prägt also den ersten Eindruck des Betrachters und Lesers dieser Bewerbungsunterlagen. Unter dem Namen steht auch gleich die ausführliche Berufsbezeichnung. Nicht schlecht gelöst! So weiß man sofort, mit wem man es zu tun hat. Außerdem enthält das Deckblatt die Anschrift und die persönlichen Daten der Bewerberin. Letztere sind durch die Betonung des Aspekts »Mobilität« schon etwas ungewöhnlich gestaltet. So gelingt es ihr gleich zu Beginn, sich von anderen Bewerbungen zu unterscheiden.

Durch die folgende wie eine sogenannte »**Dritte Seite**« anmutende Aufzählung an Kompetenzen und Berufsstationen wird man überrascht, erwartet man doch hier nun eigentlich den Beginn des Lebenslaufs. Stattdessen liefert uns die Bewerberin diese Seite mit dem Titel *Kurzprofil* – nicht ganz zutreffend, denn es handelt sich hier schon um ein recht umfangreiches **Profil**, das Berufserfahrungen, Kenntnisse und Fähigkeiten erläutert. Es schließt mit einer gekonnten Zusammenfassung der bisherigen vier Berufsstationen. So bekommt der Leser bereits vor dem Lebenslauf ein umfassendes Bild von der Bewerberin und ist nun neugierig auf die einzelnen konkreten Berufsstationen. Grafisch ist die Seite sehr attraktiv gestaltet. Besonders die Überschrift und die Fußzeile fallen positiv auf.

Der **Lebenslauf** ist ebenfalls optisch ansprechend und übersichtlich gestaltet. Die Fußzeile der Profilseite wiederholt sich im Sinne einer Corporate Identity. Gegliedert ist der Lebenslauf in die Bereiche »Beruflicher Werdegang«, »Ausbildung«, »Sprachkenntnisse« und »EDV-Kenntnisse«. Da die Kandidatin bei jeder Berufsstation auch ihre einzelnen Aufgaben ausführlich aufführt, kommen insgesamt 4 Seiten zustande. Interessant ist jeweils der Beginn der Aufzählung: das Wort Herausforderung, das in fett hervorgehoben ist. Ebenso ist die »Personalverantwortung« durch Fettdruck betont. Bei den wichtigsten beruflichen Stationen sind auch besondere Erfolge und Leistungen aufgeführt. Diese sind durchaus aufschlussreich, aber die vorher beschriebenen Aufgaben, die für den potenziellen Arbeitgeber natürlich auch von Interesse sind, könnten ganz leicht gekürzt werden.

Die Sprachkenntnisse sind sehr vorbildlich mit Angabe des Niveaus beschrieben. Ebenso sind die Office-Kenntnisse am Anfang mit einer Einstufung angegeben, die übrigen EDV-Kenntnisse hätte die Bewerberin besser auch präziser beschrieben.

Das **Anlagenverzeichnis** stellen wir bei dieser Bewerbung nicht dar.

Einschätzung

Dies ist eine ästhetisch gelungene Bewerbung, die ein sehr ausführliches Profil der Kandidatin liefert. Man spürt sofort, die Bewerberin hat sich Mühe gegeben und sich etwas sehr Besonderes ausgedacht. Wenn jetzt noch die Verbesserungsvorschläge umgesetzt werden, wäre dies eine wirklich exzellente Bewerbung, die außergewöhnlich daherkommt und zum Lesen verführt. Diese Kandidatin wird eingeladen, kein Zweifel! Selbst mit diesen kleinen Schwächen in der Bewerbung …

SEBASTIAN SANDER
Dipl.-Inform. (FH)

24103 Kiel
Sophienblatt 103

Tel. 0431 993828

Sebastian-Sander@vdi.de

CURRICULUM VITAE

Hannover, CeBIT **17.03.2014**

Resümee

Derzeitige Beschäftigung in der militärischen Softwareentwicklung

Derzeit Promotionsstudium und Wirtschaftsingenieurwesen

10 Weiterbildungen in den letzten fünf Jahren

10 Jahre Berufserfahrung als Offizier

Informatik-Studium (FH), Note »sehr gut«

Ab 2015 frei für Festanstellung

Ab 2014 frei für Trainee

Ortsungebunden

Verheiratet

30 Jahre

Ausführliche Informationen zu meiner Person finden Sie unter …

Anlagen

KOMMENTAR
KÖNNEN
KENNTNIS
KOMPETENZ
KULTUR

SEBASTIAN SANDER

KOMMENTAR

»Hauptmann Sander ist ein sehr leistungsbereiter, bemerkenswert selbstbewusster, selbstständiger und im Denken unabhängiger Offizier, der sein breites Fachwissen geschickt mit neuen Ideen verknüpft.«

BRIGADEGENERAL SCHMIDTHAGEN

Anlässlich der Verleihung »Ehrenkreuz der Bundeswehr in Bronze« — 2013 im März

»Hauptmann Sander ist aber nicht nur DV-Fachmann, sondern ein echter Allrounder, der sich in kürzester Zeit in jedes Arbeitsgebiet akribisch einarbeitet und jede nur denkbare Quelle ohne Berührungsängste zur Erfüllung seiner Aufträge anzapft.«

OBERST IM GENERALSTAB BARTNER

Anlässlich der Verleihung »Ehrenkreuz der Bundeswehr in Bronze« — 2013 im März

»Die gewonnenen Erkenntnisse sind [...] richtig und wahrscheinlich auf viele SAP-Einführungsprojekte anwendbar.«

OBERST IM GENERALSTAB GERTRAM

In der fachlichen Stellungnahme zum betrieblichen Verbesserungsvorschlag »SAP-Einführung der Bundeswehr« — 2012 im Oktober

»Es sei an dieser Stelle angemerkt, dass Männer seines Vermögens, seines Engagements und seiner Fachkenntnisse genau die Offiziere sind, die wir in der Verwendungsreihe Informationstechnik dringend benötigen, um das Heer und die Streitkräfte auf diesem Feld weiterzubringen.«

OBERST IM GENERALSTAB PAPEN

Anlässlich der Beurteilung — 2012 im Mai

»Als Abteilungsleiter Führungsunterstützung und IT eine Idealbesetzung! Man weiß bei ihm jeden Auftrag in guten Händen.«

OBERSTLEUTNANT IM GENERALSTAB HADTKE

Anlässlich der Beurteilung — 2012 im Mai

SEBASTIAN SANDER

KÖNNEN

BERUF (BUNDESWEHR)

Forschung & Entwicklung	2012 bis heute
IT-OFFIZIER FÜR SOFTWAREKONZEPTE GRUPPE WEITERENTWICKLUNG	
Zusammenarbeit mit der wehrtechnischen Industrie Aufbau eines Wissensmanagementsystems für die Dienststelle Nebenamtlicher Presseoffizier der Dienststelle	
Leitung	2011
ABTEILUNGSLEITER FÜHRUNGSUNTERSTÜTZUNG UND IT BATAILLONSSTAB HAMBURG	
Aufbau eines Controllingsystems für die Dienststelle Verantwortung für die SAP-Einführung in der Dienststelle Assistenz des Dienststellenleiters	
Ausland	2010
PATROUILLENFÜHRER (7 FAHRZEUGE) KFOR KOSOVO	
Verantwortung für einen Bereich von 450 km^2 Zusammenarbeit mit internationalen Organisationen Mitarbeit im amerikanischen Hauptquartier	
Führung	2008
GRUPPENFÜHRER (10 Mitarbeiter) und ZUGFÜHRER (30 Mitarbeiter)	
Ausbildung zum Offizier	2005
Wehrpflicht	2004
Gymnasium zu Berlin-Steglitz und Kieler Gelehrtenschule	

SEBASTIAN SANDER

KENNTNIS

STUDIUM

Promotionsstudium DR.-ING. AN DER UNIVERSITÄT LÜBECK Lehrstuhl für Automatisierungstechnik	2013 bis heute
Wirtschaftsingenieurwesen (FH) ONLINE-STUDIUM AN DER FACHHOCHSCHULE LÜBECK Aktuell 40% der Leistungen abgeschlossen	2012 bis heute
Betriebswirtschaftslehre STUDIUM AN DER FERNUNIVERSITÄT IN HAGEN	2012 bis 2013
Informatik (FH) STUDIUM AN DER PRIVATEN FERNFACHHOCHSCHULE DARMSTADT Studienrichtung Informations- und Kommunikationsmanagement, Note »sehr gut«	2008 bis 2012

VERÖFFENTLICHUNGEN

Die SAP-Einführung der Bundeswehr Vieweg Verlag, Hamburg	2013

ETC.

Teilnahme am Wettbewerb **Software-Engineering-Preis** Ausrichtung durch die Ernst-Denert-Stiftung	2013
Mitglied im VDI	Seit 2013

ENGLISCH

Wirtschaftsenglisch AKAD Stuttgart, 1 Jahr Fernstudium	2013 bis heute
Professional English 4 Semester im Informatik-Studium	2010 bis 2012

SEBASTIAN SANDER

KOMPETENZ

SOZIALKOMPETENZ

Rhetorik 2013

GRUNDLAGEN DER RHETORIK
Volkshochschule Kiel, 5 Tage Vollzeit

Führung 2012

MITARBEITERFÜHRUNG
Grone Schule Kiel, 5 Tage Vollzeit

METHODENKOMPETENZ

Projektmanagement/Logistik 2013

AUSBILDUNG ZUM PROJEKTMANAGER FÜR RÜSTUNGSVORHABEN
Technische Schule des Heeres Aachen, 4 Wochen Vollzeit

Controlling 2013

AUSBILDUNG ZUM CONTROLLER
Akademie für Wehrverwaltung und Wehrtechnik Berlin, 4 Wochen Vollzeit

Wirtschaftsinformatik 2012

AUSBILDUNG ZUM BUSINESS ENGINEER
Prof. Scheer/Imc University Saarbrücken, 1 Jahr Fernstudium

Arbeitstechniken 2012

SELBSTMANAGEMENT
AKAD Stuttgart, 3 Monate Fernstudium

Arbeitstechniken 2012

EFFEKTIVE ARBEITSTECHNIKEN
Tempus Hamburg, 1 Tag Vollzeit

FACHKOMPETENZ

Software: MS PROJECT 2014

ML Consulting Köln, 5 Tage Vollzeit

Software: MS OFFICE 2012

Wehrbereichsverwaltung Kiel, 5 Tage Vollzeit

Software: JAVA 2011

Moebius Kiel, 5 Tage Vollzeit

 Kommentar Seite 70

SEBASTIAN SANDER

KULTUR

ENGLISCH

Wirtschaftsenglisch — 2013 bis heute

AKAD Stuttgart, 1 Jahr Fernstudium

Professional English — 2010 bis 2012

4 Semester im Informatik-Studium

Zu den Unterlagen von Sebastian Sander, Diplom-Informatiker

Wir verzichten auf die Darstellung des **Anschreibens**, das der Bewerber in der Realität selbstverständlich mitgeschickt hat.

Auf dem **Deckblatt** sind viele sehr gelungene Ideen umgesetzt worden, die wir stichwortartig nennen wollen:

- Gute optische Aufteilung durch horizontale und vertikale Elemente.
- Nennung von Ort und Zeitpunkt bezieht sich auf das informelle Bewerbungsgespräch auf der Messe.
- Resümee enthält ästhetisch gestaltet inhaltlich aussagefähige, wichtige Stichpunkte, die den Bewerber charakterisieren (Profil).
- Unten auf der Seite weist ein Satz darauf hin, dass gleich weitere Informationen über den Bewerber folgen. Sie stellen inhaltlich die Bestandteile seines beruflichen Werdeganges dar, sind sehr einprägsam und beginnen jeweils mit einem K.
- Leider kein so ansprechendes Foto! Der Kandidat wirkt darauf sehr jung und der offene Hemdkragen ist unpassend. Das Bild wirkt wie ein veraltetes Foto aus Studienzeiten.

Auf allen folgenden Seiten nimmt die rechte Spalte die passenden Zeitabschnitte auf. Unter dem Titel »**Kommentar**« hat Herr Sander Zitate aus Beurteilungen durch seine Vorgesetzten geschickt platziert – sie unterstützen das Bild, das er von sich entwerfen will.

Dabei sollten Sie jetzt nicht die Position des Zeugnisausstellers bewerten. Es geht hier ganz unabhängig von der Tätigkeit um die Form, die grundsätzliche Idee. Diese kann bei einem Vertriebler ebenso umgesetzt werden wie bei einem Oberarzt oder Ingenieur.

Die Seite »**Können**« beschreibt Herrn Sanders beruflichen Werdegang. Die Reihenfolge baut er nach amerikanischem Muster, also rückwärts auf. Der Bewerber hat seinen verschiedenen Positionen aussagekräftige Überschriften gegeben, die den Hauptaspekt der jeweiligen Tätigkeit hervorheben. Wichtig: die Zahl der Mitarbeiter, die er geführt hat. Zusätzlich Angaben über die Zeit des Übergangs von der Schule zum Beruf.

Unter dem Abschnitt »**Kenntnis**«, unterteilt in Studium, Veröffentlichungen, Sonstiges und Englisch, finden wir seine akademische Bildung und weitere Zeugnisse seiner intellektuellen Fähigkeiten im IT-Bereich. Diese Aufbau-Idee lässt sich auch gut für andere Berufsvertreter verwenden, auch wenn man keine akademische Ausbildung vorweisen kann.

Die Seite »**Kompetenz**« gibt Auskunft über Weiterbildungen, die Herr Sander den drei wichtigen Schwerpunkten Sozial-, Methoden- und Fachkompetenz zuordnet. Wenn Sie sich an diesen Ideen orientieren wollen, müssen Sie keinesfalls jedes Stichwort, jede Rubrik, jede Seite für Ihre Gestaltung als Vorlage nehmen. Sie entscheiden, was am besten zu Ihnen und Ihrer Selbstdarstellung passt.

Es fällt auf, dass die Englischkenntnisse des Kandidaten bereits auf der Seite »**Kenntnis**« erwähnt wurden. Zusätzlich widmet der Kandidat diesen Kenntnissen noch eine eigene letzte Seite »**Kultur**«. Das ist wirklich nicht notwendig; hier würde man eher anderes erwarten (z.B. ein Musikinstrument und das aktive Engagement in einem Orchester, oder seine Leidenschaft für Schach).

Haben Sie es bemerkt? Unser Kandidat hat nicht unterschrieben! Natürlich nur, um Sie zu testen …

Einschätzung

Insgesamt erfüllt dieser Lebenslauf die Bedingungen der übersichtlichen Strukturierung, des notwendigen Informationsgehalts und der besonderen Note. Herr Sander hat seinen beruflichen Werdegang so gestaltet, dass ein unverwechselbares Profil erkennbar ist. Und es hat sich für ihn gelohnt!

Nur schade, dass der Kandidat keine Hobbys oder besonderes außerberufliches Engagement erwähnt hat. Außerdem wirkt er auf seinem Foto – sehr wahrscheinlich aus der »jüngeren Vergangenheit« – zwar sympathisch, unterstützt aber optisch nicht wirklich den Eindruck, den er durch seine vielen Worte (Zitate) ja durchaus gut rüberbringt. Hier muss unbedingt ein neueres Foto gemacht werden.

Im Anschluss zeigen wir Ihnen drei Variationen einer Bewerbung – eine davon sogar in Englisch.

Curriculum Vitae

Persönliche Daten

Name	Daniel Dörner
Anschrift	Martin-Luther-Str. 33, 10777 Berlin
Telefon	+49 30 2163597
Geburtsdatum, -ort	27.11.1979, Hamburg
Nationalität	deutsch
Familienstand	ledig

Schulausbildung

1986 – 1992	**Grundschule am Windmühlenberg,** Berlin-Spandau
1992 – 1998	**Lily-Braun-Oberschule / Gymnasium,** Berlin-Spandau Abschluss: allgemeine Hochschulreife

Hochschulstudium

seit 1999 / SoSe	**Studium der Physik** an der Technischen Universität Berlin
2001 / WiSe	**Vordiplom in Physik,** Gesamtnote „sehr gut“
2007	**Diplom-Arbeit in Festkörperphysik,** Fachgebiet: Halbleiter-Nanostrukturen
2008/ SoSe	**Abschluss des Studiums als Diplom-Physiker,** Gesamtnote „gut“

Aufbaustudium

seit 2008/ WiSe	**Studium zum Wirtschaftsingenieur** an der Technischen Fachhochschule Berlin, parallel zum Beruf als Abendstudium
2011 / WiSe	**Diplom-Arbeit in Marketing,** Spezialisierung im Bereich strategisches Marketing, Investitionsgütermarketing
2012/ SoSe	**Abschluss des Studiums als Diplom-Wirtschaftsingenieur,** Gesamtnote „gut“

Bisherige Tätigkeiten

1999	**Praktikant (feinmechanische Grundausbildung), Krone GmbH,** Berlin-Zehlendorf
1999 – 2000	**Studentische Hilfskraft für Maschineneinrichtung / -Bedienung, Siemens AG, Bereich Elektromechanische Komponenten,** Berlin-Mariendorf (kontinuierliche Teilzeitbeschäftigung)
2000 – 2001	**Werkstudent für Software-Implementierung / -Test, Sietec GmbH & Co. KG,** Berlin, (kontinuierliche Teilzeitbeschäftigung) Implementierung und Test von Programmmodulen für ein automatisiertes Lager- und Transportsystem auf Prozessrechnerbasis
2001 – 2008	**Angestellter für Software-Entwicklung sowie Produktbetreuung, Siemens AG, Bereich Automatisierungstechnik,** Berlin-Siemensstadt (kontinuierliche Teilzeitbeschäftigung) Produktbetreuung (PC-Interface-Karte und zugehörige Treibersoftware) Design, Implementierung, Test von Softwareschichten für die Kommunikation in der Mess- / Automatisierungstechnik im industriellen Einsatz, Dokumentation dieser Schichten für die Anwendungsprogrammierung

Bisherige Tätigkeiten

seit 2008

Anstellung als Entwicklungsingenieur für Projektkoordination und Software-entwicklung, Siemens AG, Bereich Automatisierungstechnik, Berlin-Siemensstadt

Fachliche Planung und Koordination eines Softwareprojektes:
PC-basierte Anzeige- und Parametriersoftware für Messsysteme im industriellen Einsatz

Anleitung und Koordinierung von Mitarbeitern im Rahmen eines ressourcengesteuerten Projektmanagements, Outsourcing von Teilen des Entwicklungsprojektes, Aussteuerung der beteiligten Fremdfirmen

Design der Bedienoberfläche in Zusammenarbeit mit dem Marketing,
Konzeption einer objektorientierten Software-Architektur,
Implementierung von Kernteilen

Projektübergreifende Aktivitäten bei der Schaffung von Standards für allgemeine Bedienoberflächen im Geschäftsbereich

Einführung eines PC-Netzwerkes in der Entwicklungsabteilung (50 Personen)
in Zusammenarbeit mit der IT-Abteilung, Schulung und Support für Mitarbeiter

Weitere Aktivitäten

diverse Zeiten

(Freiberufliche) beratende Tätigkeit auf dem Gebiet der IT bei verschiedenen Firmen / Organisationen:
Finanz- & Vermögensverwaltung, Landesgeschäftsstelle einer Partei, Geschäftsstelle einer rechtsfähigen Stiftung

Beratung in Fragen der Datenstrukturierung und -organisation,
Unterstützung beim Einsatz von Office-Applikationen,
Einweisung in den Umgang mit IV im Büro

Besondere Kenntnisse und Fähigkeiten

Sprachen

Englisch: fließend in Wort und Schrift
Französisch: Grundkenntnisse

IT

Erfahrung im Umgang mit:
- Projektplanung
- Standardanwendungen Office
  (Präsentation, Textverarbeitung, Tabellenkalkulation etc.)
- Web- / Internet-basierende Applikationen

Weitere Kenntnisse in:
- Software-Entstehungszyklus (Analyse, Design, Implementierung, Test)
- Objektorientierung in Analyse, Design und Implementierung
- Configuration Management Tools

Persönliche Interessen

Wissenschaft allgemein, Mitgliedschaften in
- Deutsche Physikalische Gesellschaft e. V., Bad Honnef
- Wilhelm-Foerster-Sternwarte e. V., Berlin

Gemeinsame Unternehmungen mit Freunden (kulturelle Ereignisse)
Schwimmen, Tischtennis

 Kommentar Seite 78

CURRICULUM VITAE

Personal Details

Name	Daniel Dörner
Address	Martin-Luther-Str. 33 10777 Berlin
Telephone	+49 30 2163597
E-Mail	DanielDoerner@kabelmail.de
Date of Birth	November 27, 1979
Place of Birth	Hamburg
Nationality	German

Career Development

Project Engineer, Software Development, Siemens AG, Industrial Automation Division, Berlin *2008 to present*

Project Manager for a software development project:
PC based visualization and control software used in industrial automation environment

General design considerations together with the marketing team, defining software architecture design (object oriented approach, basics even for other projects), implementing core parts, defining test cases

Outsourcing parts of the development task, coordinating and controlling external development staff

Defined and installed a PC network environment in cooperation with the IT department, suiting the needs of a 50-employees development department, prepared and held IT information courses for the development department

Consulting and supporting the quality assurance engineering group

Maintaining and improving already settled software products

Employment as a Software Engineer, Siemens AG, Industrial Automation Division, Berlin *2001 – 2008*
(continuous part-time employment)

Product maintenance and customer support for a product consisting of a PC interface card and a corresponding software driver

Designed and implemented interface layers for communication protocols in (PC based) industrial communication process environment

Documentation for application development using those interface layers

Employment as a Programmer, Sietec GmbH & Co. KG, Berlin *2000 – 2001*
(continuous part-time employment)

Implemented program modules in mainframe environment as parts of an automation system for a warehouse

Created and applied test cases

Education

Diplom-Wirtschaftsingenieur *April 2012*
(Postgraduate B. A., Engineer in Business Administration)
Technical University (Polytechnic) of Berlin

Main attention on marketing, especially concerning strategy and business-to-business aspects

Diplom-Physiker *May 2008*
(M. Sc. in Physics)
Technical University of Berlin

Specialized in condensed matter and semiconductor physics, top research on principles of epitaxial growth of semiconductor layers

Abitur (A-Level) *Dec. 1998*
Lily-Braun-Oberschule / Gymnasium (Grammar School), Berlin

Further Practical Experience

Consulting Activities as a Freelancer, *at various times*
Concerning usage of IT at different organizations:
(capital investment organization, headquarter of a party, head-office of a foundation):

Consultation in how to organize data in an office environment, training and supporting office staff in using office applications

Siemens AG, Electromechanical Components Division, Berlin *1999 – 2000*
Vacation job, adjusted and operated production machine for relays

KRONE GmbH, Berlin *1999*
Practical studies

Skills

LANGUAGES

German: native speaker
English: fluent (spoken and written)
French: working knowledge

IT

Applications
- project management
- standard office applications
  (presentation, word processing, data spreadsheet etc.)
- web-based tools

SW engineering
- object-oriented analysis, design & implementation
- corresponding development & configuration management tools

Operating systems
- MS Windows
- Unix

Personal Interests

Latest development in science
Member of "Deutsche Physikalische Gesellschaft e. V.", Bonn
Member of "Wilhelm-Foerster-Sternwarte e. V.", Berlin

Meeting friends for free-time activities (cultural events), swimming, playing table-tennis

 Kommentar Seite 78

Lebenslauf

Persönliche Daten

Name:	Daniel Dörner Diplom-Wirtschaftsingenieur und -Physiker
Adresse:	Martin-Luther-Str. 33 10777 Berlin Tel: +49 30 2163597
Geburtsort:	Hamburg
Geburtsdatum:	27. November 1979
Nationalität:	deutsch
Familienstand:	ledig ortsungebunden

Bisherige Tätigkeiten

seit 2008

Anstellung als Entwicklungsingenieur für Projektkoordination und Softwareentwicklung, Siemens AG, Bereich Automatisierungstechnik, Berlin-Siemensstadt

Fachliche Planung und Koordination eines Softwareprojektes: PC-basierte Anzeige- und Parametriersoftware für Messsysteme im industriellen Einsatz

Anleitung und Koordinierung von Mitarbeitern im Rahmen eines ressourcengesteuerten Projektmanagements, Outsourcing von Teilen des Entwicklungsprojektes, Aussteuerung der beteiligten Fremdfirmen

Design der Bedienoberfläche in Zusammenarbeit mit dem Marketing, Konzeption einer objektorientierten Software-Architektur, Implementierung von Kernteilen

Projektübergreifende Aktivitäten bei der Schaffung von Standards für allgemeine Bedienoberflächen im Geschäftsbereich

Einführung eines PC-Netzwerkes in der Entwicklungsabteilung (50 Personen) in Zusammenarbeit mit der IT-Abteilung, Schulung und Support für Mitarbeiter

2001 – 2008

Angestellter für Software-Entwicklung sowie Produktbetreuung, Siemens AG, Bereich Automatisierungstechnik, Berlin-Siemensstadt (kontinuierliche Teilzeitbeschäftigung)

Produktbetreuung (PC-Interface-Karte und zugehörige Treibersoftware)

Design, Implementierung, Test von Softwareschichten für die Kommunikation in der Mess- / Automatisierungstechnik im industriellen Einsatz, Dokumentation dieser Schichten für die Anwendungsprogrammierung

2000–2001	**Werkstudent für Software-Implementierung / -Test, Sietec GmbH & Co. KG, Berlin** (kontinuierliche Teilzeitbeschäftigung) Implementierung und Test von Programmmodulen für ein automatisiertes Lager- und Transportsystem auf Prozessrechnerbasis
1999–2000	**Studentische Hilfskraft für Maschineneinrichtung / -bedienung, Siemens AG, Bereich Elektromechanische Komponenten, Berlin-Mariendorf** (kontinuierliche Teilzeitbeschäftigung)
1999	**Praktikant (feinmechanische Grundausbildung), Krone GmbH, Berlin-Zehlendorf**

Weitere Aktivitäten

diverse Zeiten	**(Freiberufliche) beratende Tätigkeiten auf dem Gebiet der IT bei verschiedenen Firmen / Organisationen: Finanz- & Vermögensverwaltung, Landesgeschäftsstelle einer Partei, Geschäftsstelle einer rechtsfähigen Stiftung** Beratung in Fragen der Datenstrukturierung und -organisation, Unterstützung beim Einsatz von Office-Applikationen, Einweisung in den Umgang mit IV im Büro

Aufbaustudium

2012 / SoSe	Abschluss des Studiums als Diplom-Wirtschaftsingenieur, Gesamtnote „gut"
2011 / WiSe	Diplom-Arbeit in Marketing, Spezialisierung im Bereich strategisches Marketing, Investitionsgütermarketing
seit 2008 / WiSe	Studium zum Wirtschaftsingenieur an der Technischen Fachhochschule Berlin, parallel zum Beruf als Abendstudium

Hochschulstudium

2008 / SoSe	Abschluss des Studiums als Diplom-Physiker, Gesamtnote „gut"
2007	Diplom-Arbeit in Festkörperphysik, Fachgebiet: Halbleiter-Nanostrukturen
2001 / WiSe	Vordiplom in Physik, Gesamtnote „sehr gut"
seit 1999 / SoSe	Studium der Physik an der Technischen Universität Berlin

Schulausbildung

1993–1998	Lily-Braun-Oberschule / Gymnasium, Berlin-Spandau Abschluss: allgemeine Hochschulreife
1986–1992	Grundschule am Windmühlenberg, Berlin-Spandau

Besondere Kenntnisse und Fähigkeiten

Sprachen	Englisch: fließend in Wort und Schrift Französisch: Grundkenntnisse
IT	Erfahrung im Umgang mit: Projektplanung Standardanwendungen Office (Präsentation, Textverarbeitung, Tabellenkalkulation etc.) Web- / Internet-basierende Applikationen Weitere Kenntnisse in: Software-Entstehungszyklus (Analyse, Design, Implementierung, Test) Objektorientierung in Analyse, Design und Implementierung Configuration Management Tools

Persönliche Interessen

Wissenschaft allgemein, Mitgliedschaften:
Deutsche Physikalische Gesellschaft e. V., Bad Honnef
Wilhelm-Foerster-Sternwarte e. V., Berlin

Gemeinsame Unternehmungen mit Freunden (kulturelle Ereignisse)
Schwimmen, Tischtennis

Berlin, 12. Januar 2014

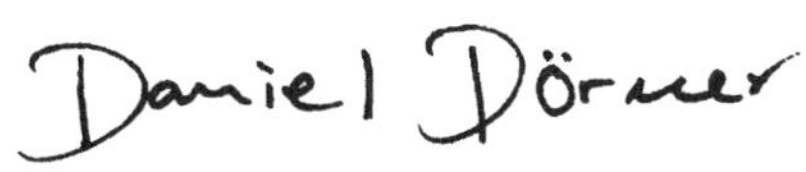

Zu den Unterlagen von Daniel Dörner, Diplom-Wirtschaftsingenieur

An dieser Stelle zeigen wir Ihnen keine vollständigen Bewerbungsunterlagen, sondern vergleichen drei verschiedene Lebenslauf-Versionen eines Bewerbers, zwei deutschsprachige und eine englische.

1. Version

In der ersten Version präsentiert sich der Kandidat mit seinem **Lebenslauf** ganz klassisch und konservativ (Schule, Studium, Tätigkeiten). Das **Foto** ist wie traditionell üblich auf der ersten Seite rechts oben platziert. Mit seinem außergewöhnlichen Doppelstudium ist der Bewerber sicher ein aussichtsreicher Kandidat. Der Personalverantwortliche möchte jedoch in der Regel schneller wissen, was Herr Dörner aktuell genau tut. Hierzu findet er aber erst auf der zweiten Seite nähere Informationen. Auch wirken die Seiten ein bisschen überladen, animieren nicht wirklich zum Lesen, und Platz für Datum und Unterschrift gibt es auch nicht. Sehr bedauerlich!

2. Version

Die zweite Version für eine Bewerbung in den USA hat den dort üblichen Aufbau und zeigt schon wesentliche Verbesserungen, obwohl inhaltlich der gleiche »Stoff« transportiert wird. Für Sie ein interessanter Einblick in den Bereich internationaler Bewerbungen.

3. Version

Die dritte Version versucht, die Vorteile der angloamerikanischen Präsentationsform zu adaptieren. Auf den vorangegangenen Seiten dieses Buches haben Sie bereits viele ähnliche Beispiele gesehen. Bei gleicher Schriftgröße ist die Präsentationsform gefälliger (z. B. Sozialdaten), und es wird mit den wirklich interessanten Informationen zur aktuellen Berufstätigkeit begonnen. Auch die Entscheidung für drei statt zwei Seiten Lebenslauf lässt diese Version der ersten deutlich überlegen erscheinen. Jetzt ist auch Platz für die obligatorische Unterschrift mit voll ausgeschriebenem Vor- und Zunamen.

Zwei Fotos liegen uns zur subjektiven Einschätzung vor. Das zweite kommt besser an, meinen wir! Übrigens: In den USA bewirbt man sich ohne Foto!

Haben Sie es bemerkt? Bei beiden deutschen Versionen fehlt die E-Mail-Adresse.

Einschätzung

Die zweite deutsche Version ist in ihrer etwas großzügiger gestalteten Präsentation der ersten vorzuziehen. Natürlich darf die E-Mail-Adresse nicht fehlen.

5. Lektion Die wichtigsten Bausteine Ihrer schriftlichen Bewerbung

Ihr absolut wichtigster Werbeprospekt in eigener Sache ist Ihr beruflicher Werdegang (auch Lebenslauf genannt), dann folgen die Empfehlungsschreiben (Zeugnisse) und – mit noch größerem Abstand deutlich nachgeordnet in seiner Bedeutung – Ihr Anschreiben. Wenn auch jedes der drei Dokumente für die Gesamtbedeutung wichtig ist, gibt es in der Gewichtung schon gravierende Unterschiede. Eine Art Visitenkarte Ihrer Persönlichkeit wird durch Ihr Foto und Ihre Hobbys übermittelt. Das gilt ebenso für spezielle Interessen, Engagements oder besondere ehrenamtliche Tätigkeiten.

Für das Bild, das sich andere von Ihnen aufgrund Ihrer Unterlagen machen, sind Sie selbst verantwortlich. Sorgen Sie dafür, dass es »rund« ist.

Dr. Elwert T. Ehrstein-Eggers

60 East 65th Street · New York, NY 10065, USA · Phone 1 – 212 – 288 – 1048

New York, 08.11.2014

Sehr geehrter Herr Dr. Weidenfels,

für die vakante Position „Vorsitz Geschäftsführung“
der internationalen Automotiv Petrochemie Industrie AG
übersende ich Ihnen hiermit meine Bewerbungsunterlagen.

Seit über zehn Jahren bekleide ich Führungspositionen in der Kautschukindustrie mit Aufgabenschwerpunkten im Bereich Marketing und Vertrieb. Vom Gesamtvertriebsleiter Deutschland bis zum CEO von BAKER US habe ich nationale wie internationale Leitungs- und Vertriebsaufgaben erfolgreich wahrgenommen.

Ende 2015 läuft mein Vertrag regulär aus, und ich möchte anlässlich dieser Gelegenheit eine deutliche berufliche Neuorientierung vornehmen.

Die Übernahme der unternehmerischen Gesamtverantwortung im Bereich Automotiv-Industrie ist in diesem Zusammenhang eine überaus reizvolle Herausforderung.

Meine Kündigungsfrist beträgt sechs Monate zum Jahresende.
Mein derzeitiges Jahreseinkommen beträgt EUR 250.000,– fix.

Für ein Gespräch stehe ich Ihnen sehr gerne zur Verfügung.

Mit besten Grüßen aus New York nach Frankfurt

Elwert T. Ehrstein-Eggers

Dr. Elwert T. Ehrstein-Eggers

60 East 65th Street • New York, NY 10065, USA • Phone 1 – 212 – 288 – 1048

Angestrebte Position

Vorsitzender der Geschäftsführung

BERUFSSTATION

Seit Juli 2012 bin ich in der Position des CEO von BAKER US Company (100 %ige Tochter der BAKER International AG mit Hauptsitz Frankfurt / M.). In dieser Funktion habe ich die Gesamtverantwortung für den Aufbau unseres amerikanischen Geschäftsmarktes. Das Unternehmen befindet sich seit 2011 in der Aufbauphase. Ursprünglich wurden ausschließlich Gummireifen hergestellt und vermarktet. Seit einem Jahr sind mit großem Erfolg auch Spezial-Plastikreifen entwickelt und in den Markt eingeführt worden. In den letzten drei Jahren ist das Unternehmen sehr dynamisch gewachsen (von $ 20 Mio. auf über $ 55 Mio.). Insgesamt werden 250 Mitarbeiter beschäftigt. Ich werde von zwei Direktoren unterstützt und berichte direkt an den CEO der Muttergesellschaft in Europa.

AUFGABENBESCHREIBUNG DER LETZTEN 10 JAHRE

Als Gesamtvertriebsleiter Systemtechnik (01.2011 – 06.2013) verantwortete ich ein Umsatzvolumen in Höhe von EUR 150 Mio. Davon wurden EUR 95 Mio. auf dem deutschen Markt und EUR 50 Mio. in Exportländern wie Frankreich, Niederlande, Großbritannien, Skandinavien, Schweiz, Österreich, Ungarn, Rumänien, Slowenien und Griechenland erzielt. Darüber hinaus oblag mir die fachliche Leitung der Vertriebsaktivitäten der Auslandstöchter Portugal und Spanien (Umsatz EUR 30 Mio.).
Für die Aufgabenerfüllung standen mir direkt 45 Mitarbeiter zur Verfügung. Insgesamt verfügte die Vertriebsorganisation über 55 Vertriebsmitarbeiter. Der Vertrieb erfolgte über fest angestellte Verkäufer (Deutschland, Frankreich, Großbritannien, Norwegen, Dänemark, Griechenland, Türkei), über eine Handelsvertretung (Benelux), bis hin zu Lizenzpartnern (Schweiz und Österreich). Das Produktsortiment umfasste Spezial-Reifen für Bau- und Landwirtschaftsmaschinen und Militärfahrzeuge.

Meine Tätigkeitsschwerpunkte stellen sich wie folgt dar:

- Umsatz- und DB-Planung
- Kostenbudgetierung und -überwachung
- Abschluss von qualitativen und quantitativen Mitarbeiter-Zielvereinbarungen
- Kundenentwicklungsprogramme konzipieren (Potenzialkundenkonzepte)
- Markt- und Potenzialanalysen erstellen
- Key-Account-Management
- Kundengewinnungsprogramme erstellen und umsetzen

Als Mitglied des europäischen Leitungsteams verantwortete ich gemeinsam mit den Kollegen aus Produktion, Logistik und Technik alle relevanten Ziele der Sparte Reifen-Systemtechnik.

 Kommentar Seite 82

Dr. Elwert T. Ehrstein-Eggers

60 East 65th Street • New York, NY 10065, USA • Phone 1 – 212 – 288 – 1048

Als Leiter Kundenmarketing (2004 – 2010) lag mein Arbeitsschwerpunkt bei folgenden Themen: Entwicklung von Verkaufsförderungskonzepten wie Schaumfüllkonzepte, Werbekonzepte, Kunden-Aktionstage (Tag der offenen Tür, Sicherheitstage, Jubiläumsveranstaltungen, ...), Verkaufsaktionen (Sicherheit, Lebensdauer etc.).

Erstellen und Organisieren von Kundenentwicklungs- und -bindungsprogrammen (Chef-Seminare, Kundeninformationssysteme, Kundenberatungsveranstaltungen etc.)

Konzeptentwicklung US Corporate Partner North Wayan. Das Konzept basiert auf vier Ebenen:
- Darstellung nach außen – Imagetransfer
- Wirkung nach innen – Visualisierung der Erfolgsfaktoren von North Wayan und BAKER International
- Anreizsystem für Kundenbindung – Festlegung der Margen für ein attraktives Rückvergütungsprogramm innerhalb enger festgelegter Umsatzvolumina
- Anwerbung von erfolgreichen Keyaccount-Managern zum weiteren Vertriebsnetzausbau

Bei der Strategieentwicklung „Qualität durch Leistung" ging es im Wesentlichen darum, eine vorhandene Marke mit neuen ausgewählten Inhalten zu füllen. Dabei wurde ein komplett neues Corporate Design für BAKER International entwickelt. Die verschiedenen Projekte wurden in Zusammenarbeit mit Marketingagenturen (Herberd & Partner, Köln, Bosch, Siegel & Partner, Frankfurt / M. sowie Salespoint, München) konzipiert und durchgeführt. Neben den Aufgaben als Leiter Kundenmarketing hatte ich auch die Vertriebsverantwortung für die Beneluxländer. Darüber hinaus habe ich den Aufbau des Kunststoff-Systemgeschäftes in den Ländern Spanien, Polen, Ukraine und Russland fachlich geleitet.

In den Jahren 2007 bis 2008 war ich in das Restrukturierungsprojekt des Geschäftsbereiches Nutzfahrzeuge eingebunden.

In Zusammenarbeit mit den Unternehmensberatungen Miller & Comp. sowie Minus Consulting wurde ein komplett neues Geschäftsmodell erarbeitet und Mitte 2009 erfolgreich umgesetzt.

Im Zuge der Umstrukturierung wurde ich zum Gesamtvertriebsleiter Kunststoff-Systemtechnik berufen und ab 2010 zum 1. Prokuristen ernannt.

SOZIALDATEN

Geboren am 31. 08. 1965 in Frankfurt / M.
Abitur am Goethe-Gymnasium Frankfurt / M., 1984
Studium der Betriebs- und Volkswirtschaft
an der Freien Universität Berlin,
Doppel-Diplom 1994 und Promotion 1999

1999 – 2003 Trainee und Vertriebsbeauftragter
bei der Gillette AG, Berlin

New York, 08. 11. 2014

Zu den Unterlagen von Dr. Elwert T. Ehrstein-Eggers, Vorsitzender der Geschäftsführung

Der in New York lebende Absender interessiert sich für den Vorsitz der Geschäftsführung. Schon das **Anschreiben** unterscheidet sich in seiner sehr selbstbewussten Darbietungsform deutlich von allen bisher hier vorgestellten. Es verzichtet einfach auf das Empfänger-Adressfeld. Die Bewerbung startet fast wie ein privater Brief. Dieses Anschreiben wäre auch handschriftlich vorstellbar, was bei einem Job mit einem Einkommen über 250 000 Euro p. a. eine interessante Variante darstellen könnte. Die hier genannte Einkommensklasse signalisiert schon, dass es sich um einen besonderen Bewerber handelt.

Herr Ehrstein-Eggers verzichtet auf ein **Deckblatt**, nutzt aber den Briefkopf vom Anschreiben auch in der Darstellung seines **beruflichen Werdegangs**. Dieser startet nicht etwa mit dem Namen und Geburtsdatum, also den üblichen Sozialdaten (verheiratet etc.), sondern auch hier wieder mit der angestrebten Position als Überschrift und erzählt dem Empfänger in einfachen Sätzen, und nicht wie gewohnt tabellarisch, etwas über die berufliche Ausgangsposition. Dabei werden die Firmenhistorie kurz abgerissen und die wichtigsten Kennzahlen vermittelt, die den Bewerber als hochkarätig ausweisen. Interessant ist die Zeilenführung!

Danach folgen die vorherigen Berufsstationen und Aufgabenbeschreibungen. Ausformulierte Sätze berichten knapp über die wesentlichen Tätigkeitsschwerpunkte, den Verantwortungsbereich und die Ergebnisse. Diesen Teil könnte man sich noch etwas konkreter wünschen.

Erst am Ende der zweiten Seite bekommt der Leser die typischen Informationen zur Ausbildung. Es gibt keine Rubrik wie Sonstiges, Sprachen, Hobbys / Engagement; diese Präsentation unterscheidet sich deutlich von anderen hier bisher im Buch aufgeführten.

Natürlich findet sich keine Unterschrift am Ende der zweiten Seite, auch kein Foto. In den USA ist dies so absolut korrekt, wir in Deutschland erwarten jedoch eher ein Foto. Das wäre an dieser außergewöhnlichen Präsentationsform aber leicht zu ändern. Was meinen Sie? Hat der hochkarätige Kandidat Arbeits- und Ausbildungszeugnisse beigefügt?

Einschätzung

Eine interessante Selbstpräsentation mit einem »narrativen Lebenslauf«. Für eine Bewerbung im deutschsprachigen Raum sollte sie noch ergänzt werden.

Entscheidend bleibt: Es gibt so viele interessante Formen, sich zu präsentieren. Trotzdem geben sich viele Kandidaten wenig Mühe. Insbesondere bei Führungskräften aber gilt der gezeigte Esprit und das zu spürende Engagement bei der Bewerbung als ein wichtiger Gradmesser der Motivation.

6. Lektion Ihr Foto hat eine enorm wichtige Bedeutung

Das Foto ist der Sympathieträger Nummer 1, ein Hauptargument in Sachen »Persönlichkeit«, mit dem Sie die »Auswahlkommission« auf Ihre Seite ziehen können. Zu jeder guten Bewerbung gehört also unbedingt ein gutes, sympathisches Foto. Wer damit Sympathie mobilisieren kann, hat einfach die besseren Chancen. Aus Sympathie entsteht Vertrauen und daraus Zutrauen.

Nachricht Einfügen Optionen Text formatieren

Senden

An... Burda Verlag, Stefan Tiedjens

Cc...

Betreff: Vakanz Geschäftsführungsposition

Sehr geehrter Herr Tiedjens,

als erfahrener Medien- und Zeitungsredaktionsleiter mit vielseitigem Erfahrungshintergrund möchte ich mich Ihnen vorstellen: In den letzten Jahren verantwortete ich die inhaltliche und organisatorische Neuausrichtung einer Tageszeitung im süddeutschen Raum (Auflage über 200.000 mit 22 Lokalausgaben und einer Personalverantwortung von bis zu 50 fest angestellten Redakteuren). Dieser Umgestaltungsprozess ist so gut wie abgeschlossen. Erfolgreich!
Neben meiner journalistischen Ausbildung verfüge ich über ein abgeschlossenes Psychologiestudium. Aktuell leite ich zwei Regionalredaktionen mit sieben Lokalredaktionen. Meine Hauptaufgaben sind dabei:

- Einführung und Arbeit an den beiden regionalen Newsdesks, die Tageszeitung, Anzeigenblatt, Online-Auftritt, Radio und Regionalfernsehen bedienen
- Etatplanung und -verwaltung; Controlling
- Blattentwicklung, Blattkonzeption und Qualitätssicherung
- Aktionsplanung in Abstimmung mit Anzeigen, Marketing und Vertrieb

Kurz zu meiner Person:

- geboren in Pühl am 10.9.1965
- verheiratet mit Ehefrau Martina (Klinische Psychologin)

Gerne stehe ich Ihnen für ein Vorabtelefonat (0751 1337080) zur Verfügung und schicke Ihnen auf Wunsch meine schriftlichen Bewerbungsunterlagen inkl. Zeugnisse.

Mit besten Grüßen
Frank Feller

PDF
Bewerbung Frank Feller

Frank Feller • Alpenstr. 15 • 88194 Ravensburg • 0176 13780 • F.Feller@gmx.net

Nachricht Einfügen Optionen Text formatieren

Senden

An... Burda Verlag, Stefan Tiedjens

Cc...

Betreff: Vakanz Geschäftsführungsposition

Sehr geehrter Herr Tiedjens,

als erfahrener Medien- und Zeitungsredaktionsleiter verantworte ich die inhaltliche und organisatorische Neuausrichtung einer Tageszeitung im süddeutschen Raum (Auflage über 200.000 mit 22 Lokalausgaben und einer Personalverantwortung von bis zu 50 fest angestellten Redakteuren). Aktuell leite ich zwei Regionalredaktionen mit sieben Lokalredaktionen.
Mehr über mich in der beigefügten Datei.

Mit besten Grüßen
Frank Feller

PDF
Bewerbung Frank Feller

Frank Feller • Alpenstr. 15 • 88194 Ravensburg • 0176 13780 • F.Feller@gmx.net

FRANK FELLER MEDIEN- UND ZEITUNGSREDAKTIONSLEITER

ALPENSTRASSE 15 88194 RAVENSBURG TELEFON: 0751 1248 / 0176 13780 E-MAIL: F.FELLER@GMX.NET

LEBENSLAUF

- geboren in Pühl am 10.09.1965
- verheiratet mit Ehefrau Martina (Klinische Psychologin)
- eine Tochter (10 Jahre)

BERUFSSTATIONEN

Oktober 2012 bis heute

Projektleiter im Medienhaus SCHWABEN VERLAGS AG
„Zeitung mit Zukunft: die inhaltliche und organisatorische Neuausrichtung der SCHWABEN-ZEITUNG":

- neue Blattkonzepte für alle 22 Ausgaben
- Einführung von sechs regionalen und einem Mantel-Newsdesk
- Schulungen und Trainings
- journalistische Qualitätssicherung

„Neuaufstellung der vier Ausgaben der SZ im Landkreis Sensenburg"

- verbessertes Niveau in der Marktbearbeitung von Redaktion, Vertrieb/Anzeigen
- nachhaltige Auflagensteigerung und Steigerung der Erlöse in und um Sensenburg

Januar 2005 bis heute

Regionalchef der SCHWABEN-ZEITUNG (185.000 Ex. Gesamtauflage)
in den Landkreisen Esslingen und Maringen

- Produktverantwortung für zwei Regionalteile und sechs Lokalausgaben
- Personal- und Budgetverantwortung für zwei Regionalredaktionen und bis zu 50 Redakteure und feste Redaktionsmitarbeiter
- Konzeption und Einführung des Regionalauftritts mit regionalen Nachrichten-, Wirtschafts- und Serviceseiten

Januar 2000 bis Dezember 2004

Leiter der Lokalredaktion Alde/ Memminger Tageszeitung
DIE STIMME (100.000 Ex. Gesamtauflage)

- Blattplanung
- Personaleinsatz
- Leser-Blatt-Aktionen
- Konzeption des Internet-Auftritts

März 1999 bis Dezember 1999

Redakteur in der Lokalredaktion Alde/Memminger Tageszeitung
DIE STIMME

- Schwerpunktthemen Stadtplanung, Gesundheitswesen
- Ausbildung freier Mitarbeiter
- Computerseite für DIE STIMME

FRANK FELLER MEDIEN- UND ZEITUNGSREDAKTIONSLEITER

ALPENSTRASSE 15 88194 RAVENSBURG TELEFON: 0751 1248 / 0176 13780 E-MAIL: F.FELLER@GMX.NET

April 1992 bis März 1999

Redakteur bei der kirchlichen Monatszeitung DIE BIBELPOST
in Bad Kreisstatt

- Reportagen aus dem Ausland (Philippinen, Südamerika)
- Kirchenpolitik

PSYCHOLOGIESTUDIUM IN BREMEN, REIMS UND MÜNSTER

September 1990 bis März 1992

Universität Bremen
Abschluss als Diplom-Psychologe

September 1989 bis August 1990

Institut Psychologique, Reims

April 1987 bis August 1989

Klinische Psychotherapie in Münster

WEHRDIENST

Januar 1986 bis März 1987

Im Stab einer Artillerie-Einheit

SCHULAUSBILDUNG

August 1972 bis Juni 1985

Grundschule, Schiller-Gymnasium in Münster, Abitur

SPRACHEN

- Französisch: fließend
- Englisch: fließend
- Spanisch: stabile Grundkenntnisse

ENGAGEMENT UND HOBBYS

- ehrenamtliche Presse- und Telefonarbeit für die Kölner Telefonseelsorge
- Segeln

Dingen, 7. August 2014

FRANK FELLER MEDIEN- UND ZEITUNGSREDAKTIONSLEITER

ALPENSTRASSE 15 88194 RAVENSBURG TELEFON: 0751 1248 / 0176 13780 E-MAIL: F.FELLER@GMX.NET

LEISTUNGSPROFIL

Führung von zwei Regionalredaktionen mit sieben Lokalredaktionen

- Einführung und Arbeit an den beiden regionalen Newsdesks, die Tageszeitung, Anzeigenblatt, Online-Auftritt, Radio und Regionalfernsehen bedienen
- Personalplanung und -einsatz für 50 Redakteure und feste Redaktionsmitarbeiter
- Etatplanung und -verwaltung, Controlling
- Blattentwicklung, Blattkonzeption und Qualitätssicherung
- Aktionsplanung in Abstimmung mit Anzeigen, Marketing und Vertrieb
- Repräsentation der Redaktion nach außen
- Führung und Ausbildung der freien Mitarbeiter

Blattentwicklung und Projektmanagement

- Leitung des Projekts „Zeitung mit Zukunft" für die Gesamtredaktion der Schwaben-Zeitung als Beauftragter des Herausgebers und Chefredakteurs
- neue Konzeption für die Schwaben-Zeitung, die sich seit 2007 deutlicher als bisher regional positioniert
- Entwicklung neuer lokaler Blattkonzepte für über 20 Lokalausgaben
- Qualitätssicherung der Blattkonzepte
- Konzeption und Einführung von sechs regionalen Newsdesks und dem Zentral-Newsdesk in der Hahnkircher Zentralredaktion
- Entwicklung von Schulungen und Trainings für alle Redakteure und freien Mitarbeiter zur Einführung journalistisch-ethischer Standards

Ausbildung der Volontäre

- Begleitung der Volontäre in regelmäßigen Gesprächen, Beurteilung
- Planung der internen und externen Ausbildungsstationen

Journalistische Tätigkeiten

- eigenständige Berichterstattung in allen journalistischen Darstellungsformen für Zeitungen, Zeitschriften, Agenturen und Pressestellen
- Redaktion fremder Texte
- Auswahl von Fotos, eigene Bildberichterstattung
- Layout kompletter Seiten von A bis Z im elektronischen Ganzseitenumbruch
- inhaltliche und grafische Gestaltung von Themenseiten der Wochenendbeilagen
- Redaktion der Computerseite der Stimme

Leser-Blatt-Bindung

- Aktionen für die Leser-Blatt-Bindung (z. B. Diskussionsveranstaltungen „Ihre Lokalzeitung vor Ort", „Zeitung in der Schule")
- Begleitung von Leserreisen mit bis zu 300 Teilnehmern

Zeitungstechnik und EDV

- Planung und Einsatz moderner Redaktionssysteme (Linopress, QuarkXPress)
- Zeitungsproduktion (fünf Lokalausgaben, teilweise in 4C)
- digitale Fotografie

Weiterbildung

- Seminare „Service im Lokaljournalismus", „Platz 1 für den Lokalteil"
- Projektmanagement, Mitarbeitergespräch, Gerichtsberichterstattung

 Kommentar Seite 87

Zu den Unterlagen von Frank Feller, Geschäftsführer

Frank Feller, ein erfolgreicher »Medien- und Verlagsmensch«, präsentiert sich seinem eventuell neuen »Auftraggeber« per **E-Mail-Bewerbung**. Auf der ersten Seite sehen Sie zwei Varianten eines Anschreibens direkt in der Maske des E-Mail-Programms. Das erste ist getextet wie ein klassisches Anschreiben, das bei einer konventionellen Bewerbungsmappe obenauf liegen würde. Lebenslauf und Leistungsprofil sind als PDF-Datei angehängt.

Alternativ (vgl. die E-Mail-Maske unten) könnte ein ausführliches **Anschreiben**, formal gestaltet wie ein Brief, auch als PDF angehängt werden. Dann dient der Kurztext in der Mailmaske nur dazu, die beigefügten Anlagen zu moderieren, und darf entsprechend knapp gehalten sein.

In der Regel erwartet der Empfänger maximal drei Anlagen: Anschreiben, Werdegang und extra zusammengestellt die Arbeitszeugnisse. (Auf die Darstellung des gestalteten Anschreibens von Herrn Feller haben wir hier verzichtet.) Besser ist es, alle Anlagen in einer Datei zusammenzufassen, wie hier geschehen.

Nun zum Anhang, den wir Ihnen als »Ausdruck« zeigen: Angenehm ist die durchgängige grafische Gestaltung der Papiere mit der einheitlichen Kopfzeile (sie enthält alle wichtigen Kontaktdaten).

Im **Lebenslauf** präsentiert der Bewerber nach seinen Sozialdaten (neben der Ehefrau wird hier auch die Tochter genannt) als Erstes seine Berufsstationen. Diese sind beeindruckend. Sehr geschickt, wie hier die wichtigsten Verantwortungsbereiche bei jeder Station auf den Punkt gebracht werden. Schon das gibt einen guten Einblick in die Arbeitswelt und Aufgabenvielfalt des Kandidaten. Die zweite Seite ist dann hauptsächlich der Ausbildung und den anderen üblichen Rubriken vorbehalten.

Zum **Foto** auf der ersten Lebenslaufseite: Ein bisschen sehr klein geraten ist dieses Porträtfoto, und dabei soll es doch helfen, die Bewerberpersönlichkeit zu transportieren. Schade, Ziel verfehlt! Aber zugegeben, es gibt weitaus Schlimmeres zu sehen …

Jetzt folgt aber noch eine »**Dritte Seite**«, überschrieben mit Leistungsprofil. Das macht sofort neugierig. Auch wenn diese Seite etwas überladen wirkt, wird der Empfänger sich nicht entziehen können und das angebotene Material studieren. Genau dafür wurde diese Seite geschaffen. In sieben Punkten präsentiert uns der Medienmensch Feller seine beruflichen Highlights. Warum er zu guter Letzt auch noch den Punkt »Weiterbildung« eingefügt hat, erklärt sich leider nicht. Hat er diese Themen als Referent angeboten oder sich selbst als Teilnehmer weitergebildet? Diese Frage könnte beim Vorstellungsgespräch auftauchen.

Einschätzung

Schöne Bewerbung mit Aussicht auf Erfolg – wenn auch ein Punkt im Leistungsprofil ungeklärt bleibt.

7. Lektion Klarer Trend zur E-Bewerbung

Nur noch ein kleinerer Teil der Führungskräfte versendet beim Erstkontakt die Unterlagen per (klassischer) Post (etwa 35 Prozent, Tendenz abnehmend). Die meisten wählen die E-Mail-Variante mit Dateianhang. Trotzdem brauchen früher oder später alle Kandidaten eine überzeugende Papierform ihres beruflichen Werdeganges. Dafür sollten Sie sich schon einmal eine entsprechende Präsentationsmappe bereitlegen. Denn spätestens nach dem ersten Gespräch (Vorauswahl durch Personalberater) werden Sie aufgefordert, Ihre Bewerbungsunterlagen nachzureichen oder beim nächsten Treffen mitzubringen.

Man will sehen, wie viel Mühe Sie sich geben, wie Ihnen diese Arbeitsprobe gelingt.

Stefanie Stein

Stefanie Stein

Diplom-Kommunikationswirtin

Geburtstag: 20.11.1974
Geburtsort: Berlin

Adresse: Neuer Wall 1, 20095 Hamburg
Mobil: 0171.99331100
www.linkedin.com/in/stefaniestein
E-Mail: Stefanie.Stein@yahoo.de

Berufspraxis

Seit 01 / 2008	**Bereichsleiterin Kommunikation** Bildung und Gesellschaft e. V., Hamburg ◆ Interne / externe Kommunikation (Texterin u. a. Social Media, Projekt-Koordination mit Zeit.de „Zeitzeichen“) ◆ PR-Strategien, Agenda Setting, Interviews, Vorträge ◆ Redaktion der Artikel on- und offline ◆ Redaktion von Veröffentlichungen ◆ Koordination Medienpartner (z. B. Welt.de, Faz.net) ◆ Kooperation TV + Hörfunk wie Deutschlandfunk
01 / 2007 – 12 / 2007	**PR-Referentin** Stone Waters Ziegler Communication, Hamburg ◆ Pressekonferenzen, Pressemitteilungen, PR-Instrumente ◆ Themenplatzierung, Pressebetreuung, PR-Strategien ◆ Kommunikationskonzepte, PR-Kampagne, Redaktion
12 / 2005 – 12 / 2006	**Kommunikations-Beraterin** Polkom Verlag, Berlin / Hamburg ◆ Projekt-Konzeption und Redaktion ◆ Interviews u. a. mit Angela Merkel, Guido Westerwelle ◆ polkom-publishing.com
10 / 2003 – 11 / 2004	**Assistentin der Kommunikationsabteilung** Kulturradio Deutschland, Hamburg ◆ Planung einer Kommunikationskampagne ◆ Dokumentation und Präsentation des Konzepts
12 / 2000 – 04 / 2003	**Pressereferentin** Abgeordnetenbüro Meyer, MdHB, Hamburg ◆ Interne / externe Kommunikation ◆ Vorbereitung von Veranstaltungen, z. B. im Wahlkreis ◆ Ausbau der Pressekontakte
06 / 1996 – 04 / 2000	**Mitarbeiterin für PR / Marketing** Tel & Tol, Berlin ◆ Eventkonzeption und Marketing ◆ Messemoderation ◆ Koordination mit Eventagenturen

Projektarbeiten (Auswahl)

08/2011 – 11/2012	**Redakteurin** Meta Construkto, Hamburg Texte zum Thema Medien und Gesellschaft meta-construkto.de
10/2006 – 12/2006	**Wissenschaftliche Projektmitarbeiterin** Hochschule für Medien, Hamburg Qualitative Forschung (Durchführung und Auswertung von Interviews): Mediennutzungsverhalten Jugendlicher Auftraggeber: Deutsche Kulturstiftung, Berlin
2002	**Presse + Organisation** Hamburger Werbekongress: „Gesellschaft im Wandel" Akquise von Sponsoren, Agenturen, Medienpartnern Pressesprecherin und Moderation der Themenrunden

Hochschule / Schule

04/2000 – 11/2005	Studium **Gesellschafts- und Wirtschaftskommunikation** Hochschule für Medien, Hamburg Schwerpunkte: Text, Werbung / PR, Politik Abschluss: Diplom-Kommunikationswirtin (Note: 1,2)
04/2002 – 09/2005	**Tutorin** für Politik bei Prof. Dr. Müller Hochschule für Medien, Hamburg ◆ Vorbereitung / Durchführung von Lehrveranstaltungen im Grundstudium ◆ Korrektur von Klausuren im Grundstudium
04/2003 – 09/2003	Studium **Kommunikationswissenschaft** Università degli Studi di Bologna, Bologna
04/1994 – 10/1996	Studium **Rechtswissenschaften** Freie Universität Berlin
1993	Allgemeine Hochschulreife Werner von Siemens Gymnasium Gesamtnote: 1,4

Digital

MS-Office	sehr gute Kenntnisse
Photoshop	sehr gute Kenntnisse
HTML / Web 2.0	gute Kenntnisse
InDesign	gute Kenntnisse
Moodle	Grundkenntnisse

Fremdsprachen

Englisch	sehr gut in Wort und Schrift
Spanisch	sehr gut in Wort und Schrift
Französisch	gut in Wort und Schrift

Soziales Engagement

2007 – 2010	Unterstützung der Projektleitung generation-trainee.de

Besondere Fähigkeiten

TV / Radio-Interviews	Themen: Weiterbildung in Beruf und Karriere z. B. n-tv, arte, NDR, Deutschlandfunk
Veröffentlichungen	Themen: Selbstmarketing und Medienkompetenz z. B. welt.de, spiegel.de
Vorträge / Seminare	Themen: Medien- und Karrierestrategien z. B. Freie Universität Berlin, SocMedia Hamburg, GHF Hamburg, Media School Hamburg
Preis	Essay-Wettbewerb der FAZ, 2011 Thema: Das Medium Internet in Deutschland

Interessen

Segeln, Städtereisen, Zeitgeschichte

Mitgliedschaft

Deutscher Journalisten Verband, Landesverband Hamburg

Referenzkontakte

Siegmar Sternberg, Geschäftsführer Bildung und Gesellschaft e. V., Hamburg
Prof. Dr. Müller, Hochschule für Medien, Hamburg

Hamburg, im Juni 2014 Stefanie Stein

Anlagenverzeichnis

- Diplom-Urkunde Hochschule für Medien, Hamburg
- Diplom-Zeugnis Hochschule für Medien, Hamburg
- Arbeitszeugnis Bildung und Gesellschaft e. V., Hamburg
- Arbeitsprobe akquiriertes Interview auf spiegel.de
- Arbeitsprobe PR-Artikel in Die Welt (als freie PR-Beraterin)

LinkedIn Kontotyp: Business | Stefanie Stein | Kontakte hinzufügen

Start | Profil | Kontakte | Gruppen | Stellenmarkt | Post | Unternehmen | Mehr | Personen | Suche ... | Erweitert

Stefanie Stein

Mitarbeit bei einem Bildungsträger

Hamburg und Umgebung, Deutschland | Bildungsmanagement

Früher: Stone Waters Ziegler Communication, Hamburg, Polkom Verlag, Berlin/Hamburg, Kulturradio Deutschland, Hamburg

Ausbildung: Hochschule für Medien, Hamburg

Verbessern Sie Ihr Profil | Profil bearbeiten | 23 Kontakte

de.linkedin.com/pub/stefanie-stein/73/583/8a9/ | Kontaktdaten

Über mich

Zusammenfassung

Ich bin Kommunikationswirtin. Meine größte Stärke ist meine hohe sprachliche Kompetenz.

Berufserfahrung

Bereichsleiterin Kommunikation
Bildungsgesellschaft e.V., Hamburg
Januar 2008 – Heute (6 Jahre 6 Monate)

PR-Referentin
Stone Waters Ziegler Communication, Hamburg
Januar 2007 – Dezember 2007 (1 Jahr)

Kommunikations-Beraterin
Polkom Verlag Berlin/Hamburg
Dezember 2005 – Dezember 2006 (1 Jahr 1 Monat)

Assistentin der Kommunikationsabteilung
Kulturradio Deutschland, Hamburg
Oktober 2003 – November 2004 (1 Jahr 2 Monate)

Pressereferentin
Abgeordnetenbüro Meyer, MdHB, Hamburg
Dezember 2000 – April 2003 (2 Jahre 5 Monate)

Tel & Tol
Mitarbeiterin für PR/Marketing, Berlin
Juni 1996 – April 2000 (3 Jahre 11 Monate)

Linked in Kontotyp: Business | Stefanie Stein | Kontakte hinzufügen

Start | Profil | Kontakte | Gruppen | Stellenmarkt | Post | Unternehmen | Mehr | Personen | Suche ... | Erweitert

Über mich

Ehrenamtliche Tätigkeiten und gute Zwecke

Unterstützung der Projektleitung
Generation Trainee
Ausbildung

von 2007 – 2010 Mitarbeit bei diesem Projekt
weitere Informationen: www.gentrainee.de

Schlechte Version! Abgelehnt!

Causes you care about:

- Kinder
- Ausbildung
- Politik
- Sozialdienste
- Umweltschutz
- Klima
- Nahrung

Organizations you support:

- Generation Trainee, Arbeiterkind, Soziale Gerechtigkeit e.V., Foodwatch, Amnesty International, Greenpeace

---

Projekte

Meta Construkto, Hamburg
August 2011 – November 2012

Redaktion von Texten zum Thema Medien und Gesellschaft
meta-construkto.de

Hochschule für Medien, Hamburg
Oktober 2006 – Dezember 2006

Wissenschaftliche Projektmitarbeiterin

Werbekongress „Gesellschaft im Wandel", Hamburg
2002

Presse + Organisation

Veröffentlichungen

Zusammen lernen: Internationalisierung von Bildungsprozessen
großewochenzeitschrift.de
13. März 2013

Akquiriertes Interview

999 Personen gefällt das – PR und Social Media
Die Weite Welt
4. April 2014

PR-Artikel (als freie PR-Beraterin)

Kommentar Seite 99

LinkedIn Kontotyp: Business | Stefanie Stein | Kontakte hinzufügen

Start | Profil | Kontakte | Gruppen | Stellenmarkt | Post | Unternehmen | Mehr | Personen | Suche ... | Erweitert

Über mich

Auszeichnungen und Preise

Essay-Wettbewerb
FAZ
Oktober 2011

1. Preis für den Essay „Das Medium Internet in Deutschland"

Sprachen

Deutsch
Muttersprache oder zweisprachig

Englisch
Verhandlungssicher

Kenntnisse

TV/Radio-Interviews | Veröffentlichungen | Vorträge/Seminare

Ausbildung

Hochschule für Medien, Hamburg
Diplom, Gesellschafts- und Wirtschaftskommunikation
2000 – 2005

Università degli Studi di Bologna
Kommunikationswissenschaft
2003 – 2003

Schlechte Version! Abgelehnt!

Weitere Informationen

Interessen
Besser leben

Linkedin Kontotyp: Business | Stefanie Stein | Kontakte hinzufügen

Start | Profil | Kontakte | Gruppen | Stellenmarkt | Post | Unternehmen | Mehr | Personen | Suche ... | Erweitert

Stefanie Stein

Bereichsleiterin Kommunikation bei Bildungsgesellschaft e.V. Hamburg

Hamburg und Umgebung, Deutschland I Bildungsmanagement

Früher: Stone Waters Ziegler Communication, Hamburg, Polkom Verlag, Berlin/Hamburg, Kulturradio Deutschland, Hamburg

Ausbildung: Hochschule für Medien, Hamburg

Verbessern Sie Ihr Profil | Profil bearbeiten | 314 Kontakte

de.linkedin.com/pub/stefanie-stein/73/583/8a9/ | Kontaktdaten

Über mich

Zusammenfassung

Ich bin Kommunikationswirtin mit der Spezialisierung auf interne/externe Kommunikation und erstklassigen Referenzen offline/online. Meine größte Stärke ist meine hohe sprachliche Kompetenz.

Berufserfahrung

Bereichsleiterin Kommunikation
Bildungsgesellschaft e.V., Hamburg
Januar 2008 – Heute (6 Jahre 6 Monate)

Interne/externe Kommunikation (Texterin u.a. Social Media, Projekt-Koordination)
PR-Strategien, Agenda Setting, Interviews, Vorträge, Redaktion der Artikel on- und offline
Redaktion von Veröffentlichungen
Koordination Medienpartner
Kooperation TV + Hörfunk

PR-Referentin
Stone Waters Ziegler Communication, Hamburg
Januar 2007 – Dezember 2007 (1 Jahr)

Pressekonferenzen, Pressemitteilungen, PR-Instrumente
Themenplatzierung, Pressebetreuung, PR-Strategien, Kommunikationskonzepte, PR-Kampagnen, Redaktion

Kommunikations-Beraterin
Polkom Verlag, Berlin/Hamburg
Dezember 2005 – Dezember 2006 (1 Jahr 1 Monat)

Projekt-Konzeption und Redaktion
Interviews mit Spitzenpolitikern
polkom-publishing.com

Assistentin der Kommunikationsabteilung
Kulturradio Deutschland, Hamburg
Oktober 2003 – November 2004 (1 Jahr 2 Monate)

Planung einer Kommunikationskampagne
Dokumentation und Präsentation des Konzepts

Kommentar Seite 99

Linked in Kontotyp: Business | Stefanie Stein | Kontakte hinzufügen

Start Profil Kontakte Gruppen Stellenmarkt Post Unternehmen Mehr | Personen | Suche ... | Erweitert

Über mich

Pressereferentin
Abgeordnetenbüro Meyer, MdHB, Hamburg
Dezember 2000 – April 2003 (2 Jahre 5 Monate)

Interne/externe Kommunikation
Vorbereitung von Veranstaltungen, z. B. im Wahlkreis
Ausbau der Pressekontakte

Tel & Tol
Mitarbeiterin für PR/Marketing, Berlin
Juni 1996 – April 2000 (3 Jahre 11 Monate)

Eventkonzeption und Marketing
Messemoderation
Koordination mit Eventagenturen

Ehrenamtliche Tätigkeiten und gute Zwecke

Unterstützung der Projektleitung
Generation Trainee
Ausbildung

von 2007 – 2010 Mitarbeit bei diesem Projekt
weitere Informationen: www.gentrainee.de

Causes you care about:

- Kinder
- Ausbildung
- Politik

Organizations you support:

- Generation Trainee, Arbeiterkind, Soziale Gerechtigkeit e.V.

Projekte

Meta Construkto, Hamburg
August 2011 – November 2012

Redaktion von Texten zum Thema Medien und Gesellschaft
meta-construkto.de

Hochschule für Medien, Hamburg
Oktober 2006 – Dezember 2006

Wissenschaftliche Projektmitarbeiterin: Qualitative Forschung (Durchführung und Auswertung von Interviews): Mediennutzungsverhalten Jugendlicher
Auftraggeber: Deutsche Kulturstiftung Berlin

Werbekongress „Gesellschaft im Wandel", Hamburg
2002

Presse + Organisation: Akquise von Sponsoren, Agenturen, Medienpartnern
Pressesprecherin und Moderation der Themenrunden

Linkedin Kontotyp: Business — Stefanie Stein — Kontakte hinzufügen

Start | Profil | Kontakte | Gruppen | Stellenmarkt | Post | Unternehmen | Mehr — Personen — Suche ... — Erweitert

Über mich

Veröffentlichungen

Zusammen lernen: Internationalisierung von Bildungsprozessen
großewochenzeitschrift.de
13. März 2013

Akquiriertes Interview

999 Personen gefällt das – PR und Social Media
Die Weite Welt
4. April 2014

PR-Artikel (als freie PR-Beraterin)

Auszeichnungen und Preise

Essay-Wettbewerb
FAZ
Oktober 2011

1. Preis für den Essay „Das Medium Internet in Deutschland"

Sprachen

Englisch
Verhandlungssicher

Spanisch
Verhandlungssicher

Französisch
Grundkenntnisse

Kenntnisse

TV/Radio-Interviews | Veröffentlichungen | Vorträge/Seminare | MS-Office (sehr gut) | Photoshop (sehr gut) | HTML/Web 2.0 (gut) | InDesign (gut) | Moodle (Grundkenntnisse)

Ausbildung

Hochschule für Medien, Hamburg
Diplom, Gesellschafts- und Wirtschaftskommunikation
2000 – 2005

Università degli Studi di Bologna
Kommunikationswissenschaft
2003 – 2003

Weitere Informationen

Interessen
Segeln, Städtereisen, Zeitgeschichte

Zu den Unterlagen von Stefanie Stein, Diplom-Kommunikationswirtin

Aus Platzgründen haben wir hier das **Anschreiben** nicht mit abgedruckt.

Das **Deckblatt** ist ästhetisch gestaltet und besticht durch ein recht großes und äußerst sympathisches **Foto**. Ein richtiger » Hingucker «, der den Eindruck vermittelt, die Bewerberin würde den Leser direkt ansprechen. Schön ist auch die Unterschrift direkt unter dem Foto. Darunter werden in einem bündig gesetzten Textblock Name, Beruf, Kontaktdaten sowie das hinterlegte Profil bei LinkedIn aufgeführt. Auffällig ist hier der sehr große Namensschriftzug. Dies zeugt von einem hohen Selbstbewusstsein der Bewerberin. Der obere Rand des Deckblattes enthält eine interessante Kopfzeile mit drei schlichten Angaben: Curriculum Vitae, Name und Beruf der Kandidatin. Dies fügt sich gut in die Gestaltung des Deckblattes ein.

Der **Lebenslauf** fällt mit drei Seiten recht umfangreich aus. Dafür hat die Bewerbung keine sogenannte »Dritte Seite«, die ja nicht zwingend erforderlich ist. Alle Seiten haben die gleiche Kopfzeile wie das Deckblatt, was eine Art » Corporate Identity « vermittelt. Das Ganze kommt wunderbar auch ohne die traditionelle Überschrift Lebenslauf / CV / beruflicher Werdegang aus.

Zunächst werden wir auf der ersten Seite über die Berufspraxis informiert. In einer klaren und übersichtlichen Darstellung sind die zahlreichen Berufsstationen aufgezeigt. Diese wurden nach der amerikanischen Form gegliedert, also das Aktuellste zuerst. Die Funktionen der Bewerberin sind schnell erfasst, weil sie in Fettschrift gesetzt sind. Die Kandidatin gibt auch jeweils die wichtigsten Aufgaben bei jeder Station an. Sehr schön! Damit bekommen wir ein umfassendes Bild von ihrem beruflichen Können. Die zweite Seite des Lebenslaufes führt eine Auswahl der Projektarbeiten von Stefanie Stein sowie ihre Hochschul- und Schulbildung auf. Auf der Folgeseite werden u. a. die unterschiedlichsten Fähigkeiten, Kenntnisse und Hobbys präsentiert. Statt der üblichen Bezeichnung » EDV-Kenntnisse « wählt die Kandidatin den interessanten Begriff » Digital «. Die Kenntnisse in diesem Bereich sind mit Niveau angegeben. Gut gemacht! Ebenso positiv ist, dass sie ihr soziales Engagement erwähnt und eine Rubrik »Besondere Fähigkeiten« anführt, in der sie TV- und Radio-Interviews, Veröffentlichungen, Vorträge und Seminare sowie Preisauszeichnungen angibt. Am Schluss werden Referenzkontakte genannt. Mit dieser Seite hebt sich die Kandidatin eindeutig von der Masse ab und liefert ein ganz individuelles Profil.

Am Schluss der Bewerbung gibt ein Anlagenverzeichnis eine Übersicht über die mitgelieferten Zeugnisse und Arbeitsproben.

LinkedIn-Profil: Schlechte Version

Der Bildausschnitt des Fotos ist sehr ungünstig gewählt. Besser ist eindeutig der Ausschnitt, den die Kandidatin bei ihren Bewerbungsunterlagen eingesetzt hat. Aber das ist nur der Anfang, es gibt noch viel mehr zu kritisieren bei ihrem ersten Versuch, ein positives Profil zu erstellen. Nach ihrem Namen folgt nur die Angabe » Mitarbeit bei einem Bildungsträger «. Das ist einfach zu wenig konkret. Dies setzt sich dann auch bei ihrer Zusammenfassung fort und erklärt vielleicht die geringe Anzahl an Kontakten. Die Beschreibung ihrer Berufsstationen ist ebenso dürftig und nahezu lust- und einfallslos getextet. Keine gute Arbeitsprobe! Dafür wird dann aber bei den »Causes you care about« geklotzt – hier wäre weniger mehr und eine Konzentration auf drei Themen einfach glaubwürdiger. Der Hinweis auf gutes Deutsch hat unter der Sprachenrubrik nichts zu suchen. Bei der Angabe ihrer Kenntnisse ist die Kandidatin dagegen wieder sehr zurückhaltend, wenn wir diese Rubrik mit der verbesserten Version vergleichen. Und ob unter Interessen einfach nur »Besser leben « stehen darf, entscheidet sicher jeder selbst. Wir jedenfalls würden der Bewerberin zu einer Änderung raten.

LinkedIn-Profil: Verbesserte Version

Ein ansprechenderer Bildausschnitt beim Foto, etwas mehr an Infos zur Tätigkeit und den einzelnen Berufsstationen der Bewerberin, und schon steigt auch die Anzahl der Kontakte und Besucher. Jetzt wirkt alles informativer, wobei hier und da auch schon mal sinnvollerweise gekürzt wurde (z. B. bei » Causes you care about «). Ihre Kenntnisse und Fertigkeiten, die sie anzuführen weiß, sind umfangreicher. Und auch die Interessen bzw. Hobbys wirken jetzt sympathisch.

Einschätzung

Eine sehr ansprechende schriftliche Bewerbung, die sicherlich die Note 2+ verdient. Auch das LinkedIn-Profil überzeugt in der verbesserten Version.

Oliver Olm
Diplom-Pädagoge und Sozialmanager

Rüppurrer Str. 93
76137 Karlsruhe
Telefon: 0721 375 340 88
E-Mail: Oliver.Olm@freenet.de

27.05.2014

ZIF – Psychosoziale Beratungsstelle
Frau Dr. Christine Menzel
Mandelgasse 56
69115 Heidelberg

Bewerbung auf die Team-Leitungsposition beim ZIF Heidelberg

Sehr geehrte Frau Dr. Menzel,

haben Sie ein paar Minuten Zeit für mich? Ich würde mich Ihnen gerne vorstellen.

Mein Wunsch ist es, im ZIF die Team-Leitungsverantwortung für Ihre Beratungsstelle zu übernehmen.

Meine Qualifikationen: Studium an der Fachhochschule in Neu-Ulm in Pädagogik und Psychologie, im Anschluss daran 5 Jahre in der Beratungsforschung bei Herrn Prof. Thomas Eisenbach.

Derzeit mache ich eine 10-monatige vollzeitliche Weiterbildung in Karlsruhe zum „Sozialmanager" und werde den Theorieteil mit insgesamt 1064 Stunden Ende Juni erfolgreich abschließen.

Besondere Kompetenz bringe ich mit, weil ich in den verschiedensten Einsatzgebieten und Tätigkeitsfeldern praktische Erfahrung habe und vor allem pädagogisch-psychologische Kenntnisse mit organisatorischem und administrativem Geschick zusammenführen kann. Zu meinem beruflichen und ausbildungstechnischen Hintergrund:

- Organisation: 12 Jahre ehrenamtliche Tätigkeit im Vorstand in leitender und Personalführungsfunktion mit regionaler und nationaler Verantwortung (innerhalb der Austauschorganisation AFS Interkulturelle Begegnungen e. V.)
- Dozentenerfahrung: Austauschorganisation AFS: Vermittlung von interkulturellen Inhalten, Lehrbeauftragter bei einem Sozialforschungsinstitut
- Branchenkenntnis: staatliche Einrichtungen, Jungendorganisationen, Kirche, Rotes Kreuz, universitärer Bereich
- Auslandserfahrung: USA: 18 Monate, Norwegen: 12 Monate, Israel / Gaza: 6,5 Monate

Mein Ziel ist es, andere Menschen zu unterstützen. Durch eine Orientierung an ihren Ressourcen sollen sie ihren ganz eigenen Weg finden können und dabei ihr volles Potenzial entfalten. Die Wege sind unterschiedlichster Art – ich glaube aber, dass Empowerment vor allem dort wirken kann, wo Menschen einen Dialog von Herz zu Herz führen.

Habe ich Ihr Interesse geweckt? Dann freue ich mich sehr auf ein persönliches Gespräch!

Mit besten Grüßen

Oliver Olm

Oliver Olm, geboren am 10.08.1980 in Stuttgart, ledig, mobil
XING: xing.to/oliverolm

BERUFLICHE ERFAHRUNG

seit 09/2013

Weiterbildung „**Sozialmanagement**"
Akademie für Kultur und Bildung Karlsruhe, Private Bildungsgesellschaft mbH
10-monatiger Vollzeitkurs mit folgenden Modulen:

- IT-Anwendung (120 Stunden)
- Recht & Steuern (160 Stunden)
- Sozialmarketing: Marketing, Verhandlung & Verkauf, Public Relations, Werbung, Event- und Online-Marketing (240 Stunden)
- Selbstmarketing & Persönlichkeitstraining, Berufsstrategie (192 Stunden)
- Projektfinanzierung: Finanzierungsstrategien, Fundraising, Buchführung, BWL, Controlling (176 Stunden)
- Projektmanagement: Management-Techniken, Personalarbeit, Projektentwicklung und -planung, Qualitätsmanagement (176 Stunden)
- Praktikum (488 Stunden)

Die ersten drei Module habe ich bereits mit **sehr gutem Erfolg** bestanden.
Abschluss: Qualifiziertes Zertifikat „Sozialmanager"

seit 10/2011

Das Lehr- und Förderinstitut Karlsruhe e.V.
Hochbegabtenforschung und -förderung
mit psychologisch-pädagogischem Ansatz
Fortbildungs- und Lehrbeauftragter

- Individueller Unterricht vor Ort mit Dozenten aller Fächer
- Vermittlung von Lerntechniken, Motivationstraining, Erziehungsberatung
- Unterrichtsorganisation

10/2008 – 04/2011

Fachhochschule Neu-Ulm
Wissenschaftliche Mitarbeit in einem DFG-Forschungsprojekt
der Philosophischen Fakultät, Bereich **Beratungspädagogik:**
„RETHSICO: Die Rekonstruktion relevanter Themen und Situationen des Social Counselling aus Sicht der Betroffenen"

- Interviewdurchführung mit Dozenten und Betroffenen
- qualitative Auswertung im Team
- Verschriftlichung der Ergebnisse
- Publikationen und Vorträge

10/2006 – 09/2008

Fachhochschule Neu-Ulm
Forschungsschwerpunkt in der Arbeitsgruppe Beratungspsychologie

- qualitative Auswertung von Experteninterviews
- qualitative und statistische Analyse von journalistischem Material
- 10 Semester Teilnahme am Forschungskolloquium der Arbeitsgruppe

 Kommentar Seite 104

09/2006 – 03/2007	Dentsply DeTrey GmbH, Ulm **Officemanager** in der Personal- und der Vertriebsabteilung • Planung und Koordination von Bewerbungsgesprächen • Erledigung der geschäftlichen Korrespondenz • Unterstützung der Außendienstmitarbeiter/-innen
studienbegleitend:	**Wissenschaftliche Hilfskraft** („Pädagogische Psychologie", 4 Semester) **Werbeagentur** (u. a. Konzeption und Aufbau einer Bibliothek) **Qualitative Marktforschung** (ÖPNV; Mietspiegelerhebung) **Dokumentationsbeauftragter** eines Projekts zur „Lokalen Agenda 21"

BILDUNGSWEG

seit 09/2013	Weiterbildung „**Sozialmanagement**" Akademie für Kultur und Bildung Karlsruhe, Private Bildungsgesellschaft mbH 10-monatiger Vollzeitkurs mit **1064 Theorie-** und **488 Praxisstunden** Abschluss: Qualifiziertes Zertifikat „Sozialmanager"
10/2000 – 06/2006	Fachhochschule Neu-Ulm **Pädagogik** (**Diplom**, Note: „gut") Schwerpunkte: Pädagogische Psychologie Sozialkonflikt- und Beratungsforschung Diplom-Arbeit: *„Friedensjournalistische Aspekte in der Presseberichterstattung über krisenhafte Ereignisse im israelisch-palästinensischen Friedensprozess"*
1991 – 2000	**Gymnasium** am Deutenberg, Villingen-Schwenningen, Abitur, Note: 1,6
1996 – 1997	Adena High School, Ohio, **USA** **Stipendiat** des Parlamentarischen Patenschaftsprogrammes des Deutschen Bundestages, Betreuung durch die Austauschorganisation „AFS Interkulturelle Begegnungen e. V.", US High School Diploma

PRAKTIKA

04/2005 – 06/2005	„Rikshospitalet", **Kinder- und Jugendpsychiatrie**, Jönköping (Praxissemester) • **elterliche Unterstützung** bei Krank-, Behindert- und Totgeburten • Arbeit mit körperlich erkrankten Kindern und Jugendlichen und deren Angehörigen • **Persönlichkeitsdiagnostik** von Kindern
9/2004 – 11/2004	„Radiumhospitalet", **Krebskrankenhaus**, Jönköping (Praxissemester) • psychologische Unterstützung krebskranker Männer und deren Angehörigen
04/2001 – 09/2001	Städtisches „**Kinderhaus an der Donau**", Ulm (Praktikum) • Intensive Beschäftigung mit einzelnen Kindern und der Gruppe • **Supervision** im erzieherischen **Team**

 Kommentar Seite 104

EHRENAMTLICHES ENGAGEMENT

1995 – 2007

AFS Interkulturelle Begegnungen e. V.
Internationaler Schüleraustausch und Versöhnungsarbeit
- 1996/97: Austauschschüler in Ohio, USA
- 2003: Kurzzeitaufenthalt in Israel mit 23-köpfiger Gruppe
- **konzeptionelle** und organisatorische Mitarbeit auf regionaler und nationaler Ebene (u. a. 3 Jahre **Komiteevorsitzender**; Auswahlverantwortlicher)
- inhaltliche und **organisatorische Vorbereitung** von Auswahl, Vor- und Nachbereitung zukünftiger Austauschschüler/-innen
- **Betreuung** ausländischer Gastschüler/-innen
- **Unterstützung** von Gast- und Entsendeeltern

05/2008 – 12/2008

Leitung und Organisation einer **Studienreise in Israel und dem Gazastreifen**
- **Verantwortung** für 18 Teilnehmer/-innen
- **Vermittlung** zwischen Teilnehmer/-innen und Arbeitgebern (Kibbuz), Bildungsträgern und Reiseunternehmen
- **Eventorganisation**
- **Reiseplanung und -koordination**

WEITERE KENNTNISSE

Auslandsaufenthalte
- USA (insgesamt über 18 Monate)
- Norwegen (12 Monate)
- Israel und Gazastreifen (6,5 Monate)

Sprachkenntnisse
- Englisch und Norwegisch sehr gut
- Grundkenntnisse in Französisch und Spanisch

EDV
- MS Office, Eudora und Internet (Dreamweaver: Website-Erstellung)
- Atlas / ti (Tool zur qualitativen Analyse von sprachlichen Daten)

In meiner Freizeit ...
- beschäftige ich mich intensiv mit humanistischer Philosophie
- schwimme ich wöchentlich 5000 Meter
- sehe ich sehr gerne „Dogma 95"-Filme

Berlin, 27. 05. 2014 Oliver Olm

Zu den Unterlagen von Oliver Olm, Team-Leiter

Schon das **Anschreiben** sticht hervor, und nicht nur, weil die gut gestaltete Kopfzeile auffällt. Ob der Start mit »Haben Sie ein paar Minuten Zeit ...« ein gelungener Auftakt ist, darf unterschiedlich beurteilt werden. Das allein ist es auch nicht, was dieses Anschreiben anders, aber eben auch besonders sein lässt. Die fett gesetzten Zeilenanfänge sind schon ein Aufmerksamkeitssignal, und der Kraft des Inhalts im mittleren Abschnitt kann sich der Leser auch nicht ohne Weiteres entziehen. Das ist sicher alles Geschmackssache und Sie entscheiden für sich, was Sie davon annehmen oder besser nicht. Auffällig ist auch die sehr kleine Schrift (9,5 Punkt Century Gothic), hart an der Zumutungsgrenze, aber es geht gerade noch so und die Schrifttype wirkt modern. Am Ende reicht leider kaum der Platz für die Unterschrift, die dann auch sehr klein ausfällt.

Dieses Anschreiben wirkt individuell und ist keinesfalls schlecht gelungen, das muss man dem Kandidaten bescheinigen.

Zu unserem Erstaunen finden wir kein **Deckblatt** und auch kein Foto auf der nun folgenden ersten Seite, die mit der auf allen Seiten gleich gestalteten Kopfzeile (sehr schön!) beginnt. Hier werden Schrifttyp und -größe aus dem Anschreiben beibehalten. Konsequent!

Die immer notwendigen **Sozialdaten** sind sinnvoll reduziert. Es geht also auch so! Unter der Überschrift »Berufliche Erfahrung« geht der Kandidat zuerst einmal auf seine aktuelle Weiterbildungsinitiative ein. Gut gemacht, wie auch der Rest dieser Seite, bei dem immer wieder durch Fettdruck das Auge zum Hinblicken und Verweilen angeregt wird. Beispielhaft!

Der gesamte berufliche Werdegang ist schlicht, aber ordentlich präsentiert, geht über nicht ganz eineinhalb Seiten und wird gefolgt von den Rubriken »Bildungsweg« und »Praktika«. Letztere ist etwas zu ausführlich ausgefallen. Sicher sind die Praktika nicht uninteressant und passen halbwegs zur angestrebten Position, sie liegen aber schon etwa 10 Jahre und mehr zurück, deshalb wirkt diese Darstellung etwas überdimensioniert. Auch das langjährige ehrenamtliche Engagement ist nicht mehr ganz taufrisch, bringt aber einige Aspekte ein, die für die angestrebte Position relevant sind.

Der insgesamt 3-seitige **Lebenslauf** endet mit dem Abschnitt »Weitere Kenntnisse«, in dem der Bewerber sich erstaunlich vielseitig präsentiert. Mutig zusammengestellt!

Das **Anlagenverzeichnis** zeigen wir bei dieser Bewerbung aus Platzgründen nicht. Dagegen ist das Weglassen eines Fotos nicht etwa zufällig, sondern der Bewerber hat sich bewusst dagegen entschieden. Sie dürfen das für sich und Ihre Bewerbungsunterlagen natürlich handhaben, wie Sie möchten. Das Foto ist nicht mehr Pflicht! Wir empfehlen allerdings, das Foto nicht wegzulassen – es ist eine große Chance!

Einschätzung

Eine durchaus unkonventionelle, interessante Form der Gestaltung, die an manchen Stellen sicherlich zu verbessern wäre, aber viele Anregungen liefert.

Sofia Stepanowa Fagottistin und Klarinettistin, Volksmusikschuldirektorin in Cottbus

Postanschrift der Nebenwohnung:
Balsenring 25
10101 Berlin
Tel: 030 / 786 62 67
Handy: 0171 / 80 90 100
E-Mail: Stepanowa@gmx.de

01.09.2014

Trägerverein Musikschule Konstanz
Vorstandsvorsitzende des Seniorenorchesters Konstanz e. V.
Frau Inge Schomacherl
Burgstraße 5
78459 Konstanz

Stellenausschreibung *Neue Musikzeitung 11/14*
Leiter / Leiterin für die Musikschule Konstanz

Sehr geehrte Frau Schomacherl,

für das freundliche und aufschlussreiche Telefonat möchte ich mich sehr herzlich bedanken. Es hat mich darin bestärkt, mich für die ausgeschriebene Stelle als Leiterin Ihrer Musikschule zu bewerben.

Kurz zu meiner Person:
Ich bin ausgebildete Fagottistin und Klarinettistin sowie Instrumental-Musikpädagogin. In den letzten Jahren war ich als freischaffende Orchestermusikerin und als Instrumentallehrerin an der Musikschule Dresen in Berlin-Zehlendorf und an der Musikschule in Berlin-Tempelhof-Schöneberg tätig. **Seit dem 1.1.2010 bin ich Direktorin der Volksmusikschule Cottbus.**

Im November 2008 habe ich an der Bundesakademie für musikalische Jugendbildung Hannover den berufsbegleitenden *4-phasigen Lehrgang „Führung und Leitung einer Musikschule"* des Verbandes Deutscher Musikschulen (VDM) abgeschlossen. Bereits im Oktober 2007 nahm ich am VDM-Kurs *„Anforderungen an Leitungskräfte in Musikschulen"* teil, der in Personalführung, Leitung und Verwaltung an der Musikschule qualifiziert (siehe dazu die beiliegenden Urkunden und Zeugnisse).

Ich bin davon überzeugt, dass ich meine vielfältigen beruflichen, pädagogischen und auch organisatorischen Erfahrungen und Fertigkeiten in der Planung und Durchführung von Unterricht, im Musikschul- und Orchesterbereich, aber auch meine an der Volksmusikschule in Cottbus gesammelten Erfahrungen für die erfolgreiche Leitung Ihrer Musikschule einbringen kann.

Ich freue mich auf ein Gespräch.

Mit freundlichen Grüßen

Sofia Stepanowa

Anlagen: Bewerbungsunterlagen

LEBENSLAUF

Sofia Stepanowa

- geboren am 03.05.1966 in Potsdam, unverheiratet, ortsungebunden, Führerschein B
- deutsche Staatsbürgerschaft erworben am 15.8.1986

Ausbildung

- **31.07.1986:** Abitur am Pestalozzi-Gymnasium, Potsdam
- **1986 bis 1993:** Musikstudium an der Hochschule der Künste Berlin mit dem Hauptinstrument Fagott bei Prof. Bähr, Frau Dr. Papenhusen und Frau Ernst (Mitglied des Rundfunk-Symphonie-Orchesters Berlin)
- **25.05.1993:** Absolvierung der Staatlichen Prüfung für Musiklehrer in den Fächern Fagott und Klarinette (Note: sehr gut)
- **03.04.1994:** Absolvierung der Ersten Künstlerisch-Wissenschaftlichen Staatsprüfung mit dem Studienhauptfach Musik (Note: sehr gut) und dem Nebenfach Französisch (Note: gut)

Berufliche Tätigkeiten

- **15.02.1988 bis 30.09.1991:** Lehrtätigkeit als freie Mitarbeiterin an der Musikschule Harmonie in Potsdam in den Fächern Fagott, Klarinette und Kammermusik
- **08.1992 bis 31.06.1994:** Solo-Klarinette mit Verpflichtung zum 2. und 3. Fagott bei den Leipziger Kapellsolisten
- **15.09.1994 bis 31.06.1995:** hauptberufliche Tätigkeit als Soloklarinettistin bei der Hamburger Camerata
- **01.12.1994 bis 30.05.1995:** Anstellung als Solo-Fagottistin beim Jungen Kammerorchester Berlin-Zehlendorf
- **01.08.1995 bis 01.05.2000:** ständige Aushilfstätigkeit in der Norddeutschen Sinfonietta in den Positionen 1., 2. bzw. 3. Fagott mit Verpflichtung zum Kontrafagott
- **01.09.1995 bis 31.07.2000:** freiberufliche Tätigkeit als Instrumentallehrerin an der Musikschule Mack in Potsdam
- **01.10.1995 bis 01.12.2009:** Orchestermusikerin bei den Leipziger Kapellsolisten, im Ensemble Resonanz in Potsdam sowie im Kammerorchester Magdeburg
- **Ab 01.08.2006:** Fortsetzung der freiberuflichen Tätigkeit:
  a) ständige Aushilfstätigkeit in der Norddeutschen Sinfonietta in den Positionen 1., 2. bzw. 3. Fagott
  b) Instrumentallehrerin in den Fächern Fagott und Klarinette als freie Mitarbeiterin an der Musikschule Dresen in Berlin-Zehlendorf
- **Ab 01.03.2007:** zusätzlich als freie Mitarbeiterin Instrumentallehrerin an der Musikschule Berlin-Tempelhof-Schöneberg in den Fächern Klarinette und Kontrafagott
- **Ab 15.06.2008:** zusätzlich als Fagottistin Mitglied im Leipziger Sinfonieorchester
- **Ab 01.01.2010:** Direktorin der Volksmusikschule Cottbus

Berlin, 01.09.2014 Sofia Stepanowa

Meine Motivation und Qualifikation für die Stelle als Leiterin der Musikschule Konstanz

◆ ◆ ◆

Mit sehr großem Engagement würde ich die Leitung der Musikschule Konstanz übernehmen. Innerhalb eines Unterrichtsdeputats an Ihrer Musikschule könnte ich in Einzel- bzw. Gruppenunterricht Fagott, Klarinette, Kammermusik, Musiktheorie und Gehörbildung unterrichten. Zusätzlich zu meinen Hauptinstrumenten biete ich Ihnen die Blockflöte, große Flöte, Piccolo, Sopran- bis Bassblockflöte, barocke Traversflöte und Klavier an. Des Weiteren habe ich Erfahrungen in den Bereichen Jazz-, Pop- und Rockmusik und bin an allen musikalischen Richtungen sehr interessiert, von der sogenannten „Alten Musik" bis zur zeitgenössischen Musik.

◆ ◆ ◆

Es wäre mein Anliegen, die Musikschule Konstanz auf der Grundlage ihrer existierenden Struktur zu leiten und konzeptionell weiterzuentwickeln. Ein wichtiges Aufgabenfeld ist für mich als Musikschulleiterin das Qualitätsmanagement durch die Teilnahme am VDM-Leistungsvergleichsprogramm für Musikschulen „EDuR" oder durch die Implementierung des „QsM" (Qualitätssystem Musikschule) an der Musikschule. Dies wäre ein wichtiger Bestandteil der für die Zukunft der Musikschule notwendigen Kundenorientierung gegenüber anspruchsvollen Schülern und Eltern.

◆ ◆ ◆

Ebenso würde ich gemeinsam mit dem Trägerverein auch an Lösungen zur Verbesserung der Musikschuleinnahmen arbeiten: z. B. mithilfe von Fundraising und Sponsoring. Neben der engen Kooperation mit den Kulturanbietern der Stadt Konstanz und Umgebung würde ich mich intensiv für die Kooperation der Musikschule mit den allgemein bildenden Schulen einsetzen.

◆ ◆ ◆

Ein weiteres Aufgabenfeld der Musikschulleiterin sehe ich im Aufbau von intensiven Kontakten zur regionalen Presse, dem regelmäßigen Erstellen von Pressemitteilungen u. a. für Musikschul-Veranstaltungen und in bestimmten Unterrichtsangeboten, womit ich an der Volksmusikschule Cottbus auf eine erfolgreiche Pressearbeit zurückblicken kann.

◆ ◆ ◆

Verweisen möchte ich auch auf meine sehr guten Fremdsprachenkenntnisse in Englisch, Französisch und Russisch, was sich im Hinblick auf mögliche Auslandskontakte der Musikschule Konstanz als sehr nützlich erweisen könnte.

◆ ◆ ◆

Die Leitung der Musikschule Konstanz ist eine Herausforderung, der ich mich sehr gerne und mit hoher Motivation stellen möchte und für die ich durch meine bisherigen Erfahrungen bestens qualifiziert bin.

Sofia Stepanowa

Zu den Unterlagen von Sofia Stepanowa, Musikschulleiterin

Zu Beginn des **Anschreibens** nimmt die Bewerberin Bezug auf ein vorab geführtes Telefonat. Sie hat sich einige Fragen zum potenziellen Arbeitsplatz überlegt und der Ansprechpartnerin gestellt – so hat sie zum einen für sich Informationen gewonnen, die ihr dabei helfen zu entscheiden, ob es sich tatsächlich lohnt, sich auf diese Stelle zu bewerben, und zum anderen konnte sie erstes Interesse an ihrer Person wecken.

Im zweiten Absatz »Kurz zu meiner Person« geht die Musikerin auf ihre berufliche Ausbildung und Erfahrung sowie auf ihre aktuelle Tätigkeit ein. Anschließend erläutert sie, wie sie sich durch Weiterbildung für die Ausübung dieser Tätigkeit qualifiziert hat.

Zum Schluss formuliert die Kandidatin selbstbewusst, warum gerade sie die Richtige für die ausgeschriebene Stelle sei. Die Schlussformel »Ich freue mich auf ein Gespräch« könnte noch verbessert werden, infrage käme z. B. folgende Formulierung: »*Für alle weiteren Fragen stehe ich Ihnen gern in einem persönlichen Gespräch zur Verfügung.*«

Auf die Darstellung von **Deckblatt** mit **Foto** haben wir an dieser Stelle verzichtet.

Der komprimierte **Lebenslauf** umfasst eine Seite und ist nur durch zwei einzelne Überschriften untergliedert. Die Daten sind jeweils mit Doppelpunkt vorangestellt und die Aufzählung erfolgt von alt nach neu. Auch wenn aus dem Anschreiben die aktuelleren Berufsstationen klar hervorgehen, ist diese Darstellungsform weniger empfehlenswert, da der Lebenslauf häufig noch vor dem Anschreiben begutachtet wird. Die Daten müssen nicht mit Tag, Monat, Jahr angegeben werden – Monat und Jahr sind völlig ausreichend.

Leider fehlen hier die Ausführungen zu den Fortbildungen, beruflichen Kenntnissen und Fertigkeiten sowie zu den Hobbys. Es ist etwas schwierig, die zeitliche Abfolge der einzelnen beruflichen Stationen nachzuvollziehen, da es einige Überschneidungen und parallel laufende, freiberufliche Tätigkeiten gibt, die über einen längeren Zeitraum ausgeführt wurden. Ein solcher Werdegang ist typisch für künstlerische Berufe.

Es folgt als »**Dritte Seite**« ein Motivationsschreiben der Bewerberin, in dem sie einige Ansätze skizziert, wie sie an die neue Aufgabe herangehen würde. Wenn Sie auf diese Weise einen potenziellen Arbeitgeber von sich überzeugen möchten, ist Fingerspitzengefühl gefragt – natürlich möchten Sie mit neuen, vielleicht auch unkonventionellen Ansätzen frischen Wind mitbringen. Wichtig ist, dabei nicht belehrend oder überheblich zu wirken. Bringen Sie auch Ihre Wertschätzung in Bezug auf bereits bestehende Strukturen oder Errungenschaften des zukünftigen Arbeitgebers zum Ausdruck.

Frau Stepanowa gelingt dieser Balanceakt, indem sie betont, die Musikschule Konstanz auf der Grundlage ihrer existierenden Struktur leiten zu wollen und sie konzeptionell weiterzuentwickeln. Zum Abschluss verweist die Kandidatin noch einmal auf ihre Qualifikationen.

Einschätzung

Ungewöhnliche, aber sehr persönlich getextete Unterlagen, die sicherlich auffallen. Es sind jedoch einige Verbesserungen vorzunehmen, damit daraus sehr gute Bewerbungsunterlagen werden. Zu erkennen ist: Es gibt eine erstaunlich große Vielfalt an Möglichkeiten, sich selbst und sein Mitarbeitsangebot zu inszenieren. Nutzen Sie diese Anregungen, bedenken Sie dabei aber immer: Manchmal ist weniger auch mehr. Eine Gratwanderung!

8. Lektion Greifen Sie unbedingt vor der Bewerbung zum Telefon

Viele Bewerber tun sich unendlich schwer damit, ihren potenziellen Arbeitgeber anzurufen. Lediglich 10 Prozent greifen während der Stellensuche zum Hörer. Dabei liegen die Vorteile eines Telefonats klar auf der Hand: Durch einen gut vorbereiteten Anruf können Sie Ihre Kommunikationsfähigkeit unter Beweis stellen. Schließlich suchen die meisten Unternehmen kontaktfreudige und kommunikative Mitarbeiter. So können Sie Interesse wecken und Sympathie für sich gewinnen. Der Faktor Sympathie entscheidet maßgeblich bei der Bewerberauswahl.

Je häufiger Sie das Telefon in der Bewerbungssituation einsetzen, umso geübter und auch erfolgreicher werden Sie.

CURRICULUM VITAE

Matthias Marius Märtel

1961 geboren in Leipzig und bald darauf umgezogen nach Berlin (West), dort aufgewachsen, Abitur gemacht (mit Latein und Griechisch), damalige Hobbys: Musikmachen, Bogenschießen und Karate, ab

1981 Verkaufsberater beim Musikalienhändler Meyer in Marburg, später Hannover, Düsseldorf, Stuttgart, dort geheiratet und danach das Hobby Musik zum Beruf gemacht und

1984 Start im Musik-Im- und Export, nach neun Monaten Substitut und 1985 Geschäftsführer für drei Filialen und ein Musikaufnahmestudio,

1987 nebenberuflich Abschluss als Groß- und Außenhandelskaufmann.

1988 lernte ich bei der Vereinigung für Wirtschaftsdienste in Frankfurt/M alle Bereiche der Finanzdienstleistung kennen und nachdem das nebenberufliche Einkommen höher wurde als mein hauptberufliches, machte ich mich, mit IHK-Prüfung (VDW), später als Mitglied der FIFA

1989 als Berater selbstständig. Erst mit einem kleinen Büro, ab 1991 mit einem Bürohaus und ab 1993 mit einer Filiale in den damals „neuen Bundesländern". Die Beratungstätigkeit konzentrierte sich immer stärker auf Kunden im oberen Management, regional bei Porsche, IBM und HP, überregional Bayer und Höchst.

Daraus entwickelte sich auch ein neuer Schwerpunkt bei der Unterstützung für Existenzgründer sowie kleine und mittlere Unternehmen, insbesondere bei der Beantragung von Fördermitteln und Immobilienfinanzierung.

1999 erwarb ich zwei Jahre lang Praxis im Fertighausverkauf im Mossbacher Zentrum für Fertighäuser, wobei mein Fachwissen in der Immobilienfinanzierung eine gute Grundlage darstellte.

2002 bis 2007 arbeitete ich in einem Unternehmen für Gebäudemanagement in München und war im gleichen Unternehmen für die Rekrutierung neuer Verkäufer sowie als Ausbilder für Immobilienverkäufer tätig.

2009 Kauf und Betrieb eines Hotels (250 Betten) in Leipzig.

2014 ist der Zeitpunkt, ab dem ich wieder Stellenanzeigen lese, weil mir etwas fehlt. Ich suche eine neue Herausforderung. Das Hotel ist verpachtet und ich bin bereit, mich einer neuen Aufgabe zu stellen.

Ihr **Unternehmen** ist mir über Jahrzehnte immer wieder positiv aufgefallen. Deswegen habe ich jetzt auf Ihre Anzeige reagiert, auch weil es mich wieder zu einer Beratungs- und Vertriebstätigkeit hinzieht und es mir eine reizvolle Aufgabe wäre, in einem Team meine Erfahrungen mit einbringen zu können.

Leipzig, 30.05.2014 Matthias Märtel

PS: Über mehrere Jahre war ich im Recruiting und in der Ausbildung von Erwachsenen tätig und habe dabei bestimmt mehrere Hundert Bewerbungen gelesen – dieser Lebenslauf ist nicht der Norm entsprechend. Ich aber auch nicht …

Zu den Unterlagen von Matthias Marius Märtel, Beratung und Vertrieb

Nur aus Platzgründen verzichten wir hier auf das Anschreiben zu dieser Bewerbung, das der Kandidat in der Realität selbstverständlich mitgeschickt hat. Auch das Deckblatt mit Foto wurde hier nicht abgedruckt.

Der einseitige **Lebenslauf** ist äußerst komprimiert und nicht der üblichen Norm entsprechend. Auf den ersten Blick fällt die zweispaltige Anordnung mit den Jahreszahlen in der linken und einem ausführlichen Text in der rechten Spalte auf. Ebenso befindet sich ungewöhnlicherweise ein Absatz mit Fließtext am Ende des Lebenslaufes und ein PS nach dem Datum und der Unterschrift.

Das Besondere an diesem Lebenslauf ist der narrative und sehr persönliche Stil. Durch die klare Anordnung der Jahreszahlen in der linken Spalte und durch die vielen Absätze in der rechten Spalte ist der Text trotzdem gut lesbar. Wäre der Text nicht in dieser Form gesetzt, wäre er viel schwerer zu lesen und würde unübersichtlich wirken. Falls der Kandidat Lücken im Lebenslauf hat, sind sie mit dieser Darstellung auf jeden Fall nicht sichtbar. Sehr gut gemacht!

Der Bewerber hat eine interessante Vita, die spannend zu lesen ist und den Wunsch weckt, den Kandidaten näher kennenzulernen.

Sehr ungewöhnlich die Kombination aus beruflichen Entwicklungsdaten und dem sehr persönlichen Statement am Schluss.

Bei der Unterschrift hätte sich der Kandidat etwas mehr Mühe geben und konsequenterweise auch seinen zweiten Vornamen hinzunehmen sollen.

Einschätzung

Dieser Lebenslauf entspricht absolut nicht der Norm, wie der Kandidat ganz selbstbewusst im PS schreibt, fällt aber gerade deswegen und durch die übersichtliche Struktur, den narrativen und persönlichen Stil sowie hohen Informationsgehalt positiv auf.

Wieder ein echt innovatives Beispiel, das aber die Norm nicht über die Gebühr strapaziert oder gar den Leser durch billige Effekthascherei beleidigt.

9. Lektion Wie Sie Stellenanzeigen richtig einschätzen

Mit Stellenanzeigen, egal ob in den Printmedien oder im Internet, werben Unternehmen um Aufmerksamkeit. Beachten Sie auch die branchenspezifischen Fachpublikationen. Lassen Sie sich weder blenden noch zu schnell von Anzeigen und Anforderungen entmutigen. Hier gilt das Gleiche wie für Sie als Bewerber: Ein »schlechter« Text bedeutet nicht automatisch, dass es sich um eine »schlechte« Firma bzw. Aufgabe handelt und umgekehrt, ein »guter« Text ist keine Garantie, dass die Arbeitswirklichkeit auch so aussieht.

Wichtig ist es, zu ergründen, was der Stellenausschreiber wirklich möchte. Oftmals weiß er / sie das aber selbst nicht ganz genau. Ein Telefonat kann helfen.

Dr. Andrea Albrecht
Diplom-Neurobiologin und -Biochemikerin

Hanauer Str. 12
60591 Frankfurt / Main
Tel: +49-151-2872862
E-Mail: mail@andrea-albrecht.de
Web: www.andrea-albrecht.de

DCFO Pharma-Consulting AG
Herrn Westmeier
Ernst-Reuter-Str. 1
60592 Frankfurt / Main

Frankfurt / Main, 25.06.2014

BRAND MANAGER PHARMAKON

VERTRAULICH

Sehr geehrter Herr Westmeier,

ich möchte mich für die Stelle vom 19.06.2014 in der ZEIT als Brand Manager bei Ihnen vorstellen. Aus ungekündigter Position als Prokuristin und Marketing-Leiterin eines mittelständischen Pharmaunternehmens verfüge ich über einschlägige Marketing-Erfahrungen.

Mein Profil:

- Umfassende Praxiskompetenzen bei der Planung und Durchführung eines Marketingkonzepts im Pharmabereich
- Vielfältige, eigenverantwortliche und international orientierte Projekterfahrung
- Konzeption einer Umstrukturierung von Prozessabläufen: Einsparung von USD 2 Mio.
- Überdurchschnittliche Kommunikationsfähigkeiten in Englisch, Spanisch und Französisch
- Ständige Weiterbildung im Marketing- / PR-Bereich

Die Positionierung von möglichst eigenständigen Marken, die gleichzeitig optimal bei den relevanten Zielgruppen wahrgenommen und wertgeschätzt werden – so lautet mein Marketing-Anspruch. Gerne würde ich in diesem Sinne als Brand Manager zum Unternehmenserfolg von DCFO Pharma-Consulting beitragen.

Ich freue mich, wenn ich Sie in einem persönlichen Gespräch von meinen Qualifikationen überzeugen kann, und verbleibe

mit freundlichen Grüßen

Andrea Albrecht

BEWERBUNG

„Wir sind, was immer wir tun." (Sokrates)

Dr. Andrea Albrecht
Diplom-Neurobiologin und -Biochemikerin

Hanauer Str. 12
60591 Frankfurt/Main
E-Mail: mail@andrea-albrecht.de
Web: www.andrea-albrecht.de

Inhaltsübersicht:

Lebenslauf

Persönliche Daten

Name:	Dr. Andrea Albrecht, Dipl.-Neurobiologin und -Biochemikerin
Geburt:	12.04.1969 in Rothenburg ob der Tauber
Familienstand:	verheiratet, ein Sohn, 20 Jahre alt
Anschrift:	Hanauer Str. 12, 60591 Frankfurt/Main
Telefon:	+49-151-2872862
E-mail/Web:	mail@andrea-albrecht.de, www.andrea-albrecht.de

Berufserfahrung

2005 – aktuell **BioSynLab GmbH**, Frankfurt/Main

Geschäftsleitung

Prokuristin der BioSynLab GmbH, enge Zusammenarbeit auf der Ebene Geschäftsentwicklung und Koordination sowie Budgetierung der laufenden Projekte. Zu meinen Hauptaufgabenbereichen gehören die Marketing-Leitung, die strategische Geschäftsentwicklung sowie die Leitung der Zulassungsabteilung. Führungsverantwortung für 12 Mitarbeiter.

Leiterin der Marketing-Abteilung

- Leitung für den Bereich Arzneimittel und Kosmetik
- Wettbewerbs-, Zielgruppen-, Portfolioanalyse, SGE's
- Festlegung des Marketingkonzepts

Strategische Geschäftsentwicklung

- Nationale und internationale Strategieentwicklung
- Konzeption einer neuen Corporate Identity
- Planung und Realisierung der internen Umstrukturierungen

Leiterin der Zulassungsabteilung

- Festlegung der Zulassungsstrategie
- Koordination und Betreuung der Zulassungen für Deutschland und Österreich
- Führung von 2 Mitarbeitern in der Zulassungsabteilung

Verbandstätigkeit

- Berufung in den Fachausschuss des Bundesverbandes der Pharmazeutischen Industrie
- Berufung in die Arzneimittelkommission für Biologische Medizin
- Aktives Mitglied in der Hufelandgesellschaft

2001 – 2005 **Clintec GmbH**, Frankfurt/Main

Assistentin der Geschäftsleitung

Unterstützung der Geschäftsleitung bei der Unternehmensleitung

Leiterin der Marketing-Abteilung

- Leitung für den Bereich Arzneimittel und Kosmetik
- Wettbewerbs-, Portfolioanalyse, Werbekonzeption, Erfolgskontrolle

Projektleiterin

- Projektkoordination verschiedener Projekte: Business Development in Europa und Asien
- Vorbereitung der Unternehmensumstrukturierung

Kommentar Seite 116

1998 – 2001 **Navortes Pharma**, Frankfurt/Main

Regulatory affairs manager

- Wissenschaftliche Referentin und Teamleiterin
- Eigenständige Durchführung von nationalen und europäischen Zulassungsverfahren in dem Bereich Pharmaaudits
- Umstrukturierung von Prozessabläufen mit einer Einsparung von USD 2 Mio.

Studium

1999 – 2002 Frankfurt School of Finance & Management: MBA

1995 – 1998 Lehre/Forschung an der Augenklinik, Universitätsklinikum Frankfurt/Main

- Promotion im Sub-Retina-Implant-Projekt des BMBF's
- Organisation und Teilnahme an Tagungen / internationalen Kongressen
- Publikationen und Vorträge auf Deutsch und Englisch

1994 – 1995 Diplom-Arbeit an der Pathologie, Universitätsklinikum Frankfurt/Main

Thema: Inkenoltasin-Präparate und deren Auswirkungen auf den Heilungsprozess bei Gefäßerkrankungen

1989 – 1994 Studium der Neurobiologie und Biochemie an der Universität Frankfurt/Main
Hauptgebiet: Neurobiologie, organische Chemie, Verhaltenspharmakologie

Weiterbildung

2010 Marketing und Web 2.0 am MarketChance Institut, Frankfurt/Main
2008 PR-Workshop am Seinstein Institut, Frankfurt/Main

2005 Die Marketing-Konzeption nach Holbler/Kriel am MarketChance Institut, Frankfurt/Main

Sprachkenntnisse

Englisch fließend, Spanisch und Französisch sehr gut

EDV-Kenntnisse

MS Office, Photoshop, Corel Draw, InDesign

Sonstiges

Ehrenamtliches Engagement im Dritte-Welt-Laden, Frankfurt/Main
Unterstützung bei Spendenaktionen

Frankfurt/Main, 25.06.2014 Andrea Albrecht

Dr. Andrea Albrecht
Diplom-Neurobiologin und -Biochemikerin

Hanauer Str. 12
60591 Frankfurt/Main
Tel: +49-151-2872862
E-Mail: mail@andrea-albrecht.de
Web: www.andrea-albrecht.de

WAS SIE SONST NOCH ÜBER MICH WISSEN SOLLTEN

Ein für mich sehr wichtiger Satz lautet:

„Wir sind, was immer wir tun.“ (Sokrates)

Mein Anspruch ist es, nicht nur hohe Ziele zu haben, sondern diese auch Realität werden zu lassen. Hierbei habe ich stets versucht, pragmatisch und sehr praxisnah Problemlösungen zu erarbeiten und diese gewinnbringend für das Unternehmen umzusetzen. Am Ende des Tages zählt somit für mich nicht nur das lupenreine Konzept, sondern auch dessen kluge Umsetzung.

Anders formuliert könnte man auch sagen, dass mir die Verbindung von Theorie und Praxis wichtig ist, wobei ich hierbei generell einen nachhaltigen Unternehmenserfolg vor Augen habe. Mit dieser Maxime verbunden ist eine bestmögliche Mitarbeitermotivation sowie ein offener Kommunikationsstil, um gemeinsam Höchstleistungen erreichen zu können.

Gerne würde ich Ihnen in einem persönlichen Gespräch mehr über mich und meine Eigenschaften erzählen.

Zu den Unterlagen von Dr. Andrea Albrecht, Brand Manager

Diese Bewerbungsunterlagen werden mit einem komprimierten **Anschreiben** eröffnet. Hier fällt die übergroße Betreffzeile stark ins Auge. Ebenso ist das »Vertraulich« in der zweiten Betreffzeile eher ungewöhnlich, aber ein Hingucker und durchaus legitim. Die Kandidatin scheint leider nicht vorab telefoniert zu haben, spricht den Adressaten aber persönlich mit Namen an. Besser wäre es gewesen, wenn sie vorher Kontakt aufgenommen hätte. Der erste Satz ist etwas unglücklich formuliert. Danach stellt sich die Kandidatin mit ihrem Profil aber gut dar – die gewählte Form als Aufzählung ist übersichtlich und prägnant. Am Schluss schildert die Kandidatin kurz ihren beruflichen Anspruch.

Das **Deckblatt** ist klar gegliedert. Auf dem **Foto** wirkt die Bewerberin durch den direkten und fokussierten Blick sehr zielstrebig, durch ihr Lächeln gleichzeitig zugewandt und freundlich. Das Zitat unter dem Foto lässt auf eine tatkräftige und engagierte Kandidatin schließen. Sicher ist es eine Frage des Geschmacks, ob ein solches Zitat in einer Bewerbung gut ankommt. Neben den Kontaktdaten enthält das Deckblatt eine Inhaltsübersicht über alle weiteren Unterlagen. Das kann man durchaus machen.

Der **Lebenslauf** zeigt zunächst die persönlichen Daten auf. Danach folgen die Berufserfahrung, Studium, Weiterbildung, Sprachkenntnisse, EDV-Kenntnisse und nebenberufliche Tätigkeiten. Die einzelnen Stationen sind übersichtlich und klar beschrieben. Sie sind von neu nach alt, also nach der amerikanischen Form, gegliedert. Bei den Berufsstationen werden die einzelnen Funktionen und Aufgabenbereiche gut aufgezeigt, sodass der Leser ein ausführliches Profil von der Kandidatin bekommt. Bedauerlich ist, dass die älteste Berufsstation nicht mehr auf die erste Lebenslaufseite gepasst hat. So wirkt sie hier oben auf der zweiten Lebenslaufseite etwas verloren. Auch der Titel der Diplom-Arbeit ist angegeben. Wenn das Thema einen Bezug zur Berufsbranche hat, kann dies durchaus sinnvoll sein, aber nur in den ersten Berufsjahren. Spätestens nach zehn Jahren wirkt es (in der Regel) überflüssig bis lächerlich, das Thema anzuführen. Kritisieren kann man die sehr oberflächliche Beschreibung der EDV-Kenntnisse. Besser ist es hier, auch das Niveau der Kenntnisse anzugeben. Schade, am Schluss werden leider keine Hobbys oder Interessen angegeben. Was man darüber steuern und erreichen kann, wird unterschätzt. Denn auch Freizeitinteressen stellen einen wichtigen Beitrag zum Gesamteindruck von der Persönlichkeit des Bewerbers dar. Die Kandidatin verweist immerhin auf das nebenberufliche Engagement. Auch gut!

Nach dem Lebenslauf folgt eine »**Dritte Seite**« mit der Überschrift »Was Sie sonst noch über mich wissen sollten«. Hier greift die Kandidatin das Zitat vom Deckblatt noch einmal auf und betont, dass dieser Satz eine besondere Bedeutung für sie hat. Die Aussagen zu ihrem beruflichen Anspruch runden ihr Profil nur halbwegs und auf den ersten Blick ab. Man muss wissen, dass ab etwa 100 000 Euro p. a. aufwärts solche inhaltlichen Angebote äußerst vorsichtig zu handhaben sind. Unserer Meinung nach ist der Text nicht gut genug für diese Position und schadet eher, als dass er nutzt.

Einschätzung

Eine interessante Bewerbung einer selbstbewussten Kandidatin, jedoch mit Verbesserungspotenzial.

Nachricht Einfügen Optionen Text formatieren

Senden

An... martens@boehmer-markt.de

Cc...

Betreff: Meine Bewerbungsunterlagen als Vertriebsleiter

Sehr geehrte Frau Martens,

nach unserem freundlichen, informativen Telefonat erhalten Sie anbei
meine Bewerbungsunterlagen.

Kurz zu meiner Person:

- Diplom-Betriebswirt (BA)
- Interkulturell orientierte Berufspraxis als Vertriebsleiter
- Erfolgreich in Konzeption, Verhandlung und Strategie
- Verlässliche Steigerung von Verkaufskennzahlen
- Analytisch denkend, pragmatisch handelnd

Einblicke in mein internationales Business-Netzwerk erhalten Sie hier:
www.linkedin.com/in/raphael_riemer
xing.to/raphael_riemer

Meine Gehaltsvorstellung liegt im Bereich von 100.000 Euro p. a.
Ein optimaler Eintrittstermin wäre für mich der 01.10.2014.

Über eine Einladung zu einem persönlichen Gespräch freue ich mich.

Mit freundlichen Grüßen

Raphael Riemer

Raphael Riemer
Frohhauser Str. 1, 45127 Essen
Tel. 0171 9022418
raphael.riemer@web.de

PDF Lebenslauf + Zeugnisse Raphael Riemer

Nachricht Einfügen Optionen Text formatieren

Senden

An... a.fischer@schneller-reisen.de

Cc...

Betreff: Bewerbung als Bereichsleiterin Qualitätsmanagement

Sehr geehrter Herr Dr. Fischer,

anbei sende ich Ihnen meine ausführlichen Bewerbungsunterlagen
und freue mich auf unsere erste Begegnung.
Detaillierte Informationen zu meinen beruflichen Kompetenzen,
Weiterbildungen und Spezialisierungen finden Sie auch hier:
xing.to/kristinkandler

Mit freundlichen Grüßen aus Berlin

Kristin Kandler

Diplom-Ingenieurin (FH)
Spandauer Str. 21, 10178 Berlin
Tel. 0175 3412598
kristin.kandler@mail.de

PDF Lebenslauf Kristin Kandler

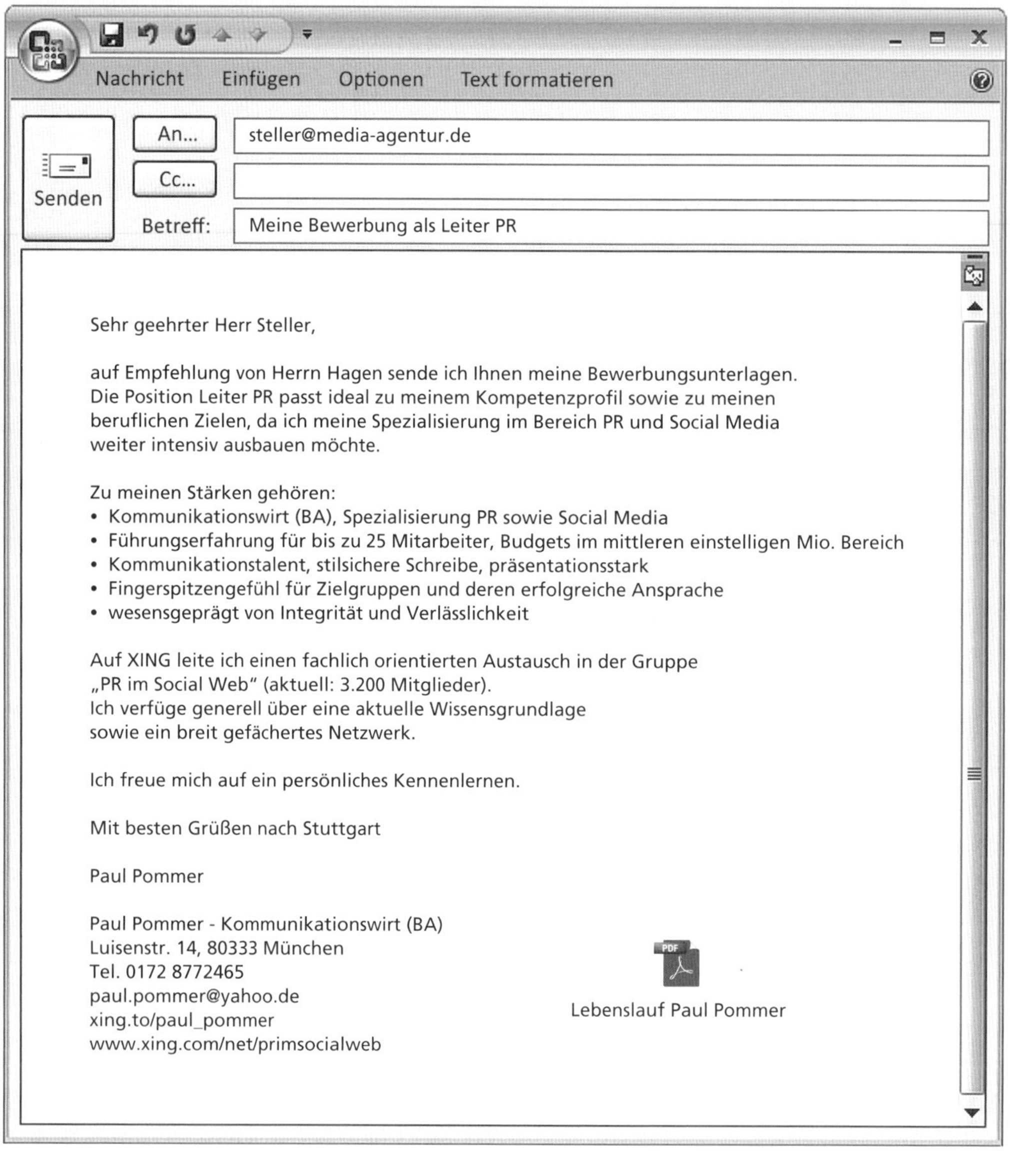

Nachricht Einfügen Optionen Text formatieren

Senden

An... steller@media-agentur.de

Cc...

Betreff: Meine Bewerbung als Leiter PR

Sehr geehrter Herr Steller,

auf Empfehlung von Herrn Hagen sende ich Ihnen meine Bewerbungsunterlagen. Die Position Leiter PR passt ideal zu meinem Kompetenzprofil sowie zu meinen beruflichen Zielen, da ich meine Spezialisierung im Bereich PR und Social Media weiter intensiv ausbauen möchte.

Zu meinen Stärken gehören:
- Kommunikationswirt (BA), Spezialisierung PR sowie Social Media
- Führungserfahrung für bis zu 25 Mitarbeiter, Budgets im mittleren einstelligen Mio. Bereich
- Kommunikationstalent, stilsichere Schreibe, präsentationsstark
- Fingerspitzengefühl für Zielgruppen und deren erfolgreiche Ansprache
- wesensgeprägt von Integrität und Verlässlichkeit

Auf XING leite ich einen fachlich orientierten Austausch in der Gruppe „PR im Social Web" (aktuell: 3.200 Mitglieder).
Ich verfüge generell über eine aktuelle Wissensgrundlage sowie ein breit gefächertes Netzwerk.

Ich freue mich auf ein persönliches Kennenlernen.

Mit besten Grüßen nach Stuttgart

Paul Pommer

Paul Pommer - Kommunikationswirt (BA)
Luisenstr. 14, 80333 München
Tel. 0172 8772465
paul.pommer@yahoo.de
xing.to/paul_pommer
www.xing.com/net/primsocialweb

Lebenslauf Paul Pommer

E-Mail-Anschreiben von Raphael Riemer, Kristin Kandler und Paul Pommer

Diese Beispiele zeigen schnell auf, wie man einen kurzen, aber doch bemerkenswerten Begleittext in der Mailmaske selbst unterbringt und so das Interesse des Empfängers steigert, der sich anschließend mit Ihren Dateien im Anhang beschäftigen soll.

Nachricht Einfügen Optionen Text formatieren

Senden

An... b.diez@markt-forum.de

Cc...

Betreff: Position Leiterin Redaktionsservice

Sehr geehrte Frau Diez,

mit den von Ihnen in der Stellenausschreibung auf www.monster.de beschriebenen Aufgabengebieten beschäftige ich mich seit etwa 5 Jahren und habe entsprechend profunde Kenntnisse bei der Weiterentwicklung von Content-Management-Systemen (CMS) vorzuweisen.

Aufgaben:

- Seit 2005 betraut mit der konzeptionellen praxisorientierten Entwicklung des verlagsinternen SGML-basierten Redaktionssystems für die Erstellung von Print- und Offlineprodukten.
- Schnittstellenerfahrung zwischen Redaktion und IT sowie umfangreiches interdisziplinäres Fachwissen (SGML, XML), dabei Konvertierungen in unterschiedliche DTDs vorbereitet und begleitet sowie Datenbanken für die unterschiedlichen Print- und Offlineprodukte konzipiert und deren technische Einrichtung betreut,
- sowie funktionale und an den redaktionellen und nutzerseitigen Anforderungen orientierte Entwicklung des neuen CMS begleitet und dazu die unterschiedlichsten Projektgruppen geleitet.

Erfolge:

- Integration von etwa 300000 Texten aus ca. 40 verschiedenen Print-Datenbanken in ein großes Onlineportal,
- Relaunch des Onlineportals nach Umstellung auf das CMS Confluence,
- Weiterentwicklung des CMS zu einem Instrument, das sowohl die redaktionellen Bedürfnisse unterstützt als auch Usability-Bedürfnisse der Nutzer erfüllt.

Führungsverantwortung:

- Seit 2008 trage ich als Leiterin des Teams Medienübergreifendes Substanzmanagement Personalverantwortung für bis zu 20 Mitarbeiter.
- Ich kann zuhören und entscheiden, mein Führungsstil ist kommunikativ und motivierend.

Meinen detaillierten beruflichen Werdegang finden Sie im Anhang.
Ich freue mich, mit Ihnen ins Gespräch zu kommen.

Mit besten Grüßen

Viktoria Voglert

Viktoria Voglert
Froberger Allee 1
45127 Essen
Tel. 0171 9022418
viktoria.voglert@web.de
www.linkedin.com/in/vikvog
xing.to/vvoglert

PDF
Werdegang Voglert

Nachricht Einfügen Optionen Text formatieren

Senden

An... a.bergmann@privatbank-gruber.de

Cc...

Betreff: Head of Financial Business Advisors

Sehr geehrte Frau Bergmann,

herzlichen Dank für das freundliche und informative Telefonat.

Ausschlaggebend für meine Bewerbung sind die mit dieser Position verbundenen vielfältigen, interessanten und herausfordernden Einsatzgebiete.

Zu meiner aktuellen Aufgabe: Senior Business Advisor bei der Gillette Group Europe im Bereich Finance Planning & Analysis Central Europe-West (DACH) zuständig für:

- Coordination & preparation of Budget and Rolling Forecasts
- Month-/Quarter-/Year-end-closing & Mngt. Reporting
- Analysis of variances incl. comments
- Financial advisor mainly of the SBU-Director and Marketing
- DME-Controlling (Direct Marketing Expenses for Advertising & Consumer-/Trade-Promotions), Presentations

Nach meinem BWL-Studium mit den Schwerpunkten Finanzierung, Controlling, Produktions- und Volkswirtschaftstheorie an der FU Berlin habe ich 5 Jahre bei Unilever Deutschland im Finanzbereich gearbeitet.

Mein Auslandsstudium an der Copenhagen Business School in Dänemark und mein MBA sind sicher weitere gute Voraussetzungen, um einen positiven Beitrag in Ihrem Unternehmen leisten zu können.

Meine Stärken liegen im analytischen, organisatorischen und kommunikativen Bereich. Aufgrund meiner schnellen Auffassungsgabe und Zielstrebigkeit fällt es mir leicht, mich kurzfristig in neue Tätigkeitsfelder einzuarbeiten. Außerdem bin ich durch die generalistische Ausrichtung meines wirtschaftswissenschaftlichen Studiums in der Lage, mit hoher Flexibilität die unterschiedlichsten Aufgaben wahrzunehmen.

Ich freue mich auf unser nächstes Gespräch
und grüße Sie herzlichst aus Frankfurt

Helen Hauf

Helen Hauf
Harburger Str. 13
70173 Stuttgart
+49 (711) 134234
+49 (171) 132566
h.hauf@web.de
www.helenhauf.de

PDF
Werdegang Hauf

E-Mail-Anschreiben von Viktoria Voglert und Helen Hauf

In eine Mailmaske geschriebene Texte haben in der Regel nur Begleitfunktion, sollten also so knapp wie möglich ausfallen und eher auf den Text im Datenanhang neugierig machen. Ausnahmen bestätigen die Regel und hier zeigen wir Ihnen zwei durchaus inhaltsreiche Varianten. Das Interessante dabei ist neben dem Inhaltlichen die minimalistische grafische Gestaltung, die trotzdem angenehm hervorsticht. So ein Text kann das übliche Anschreiben bestens ersetzen und im Anhang würde jetzt allein eine Datei mit dem beruflichen Werdegang ausreichen, um über den Kandidaten hinreichend zu informieren. Die Kunst besteht also im Verdichten der wichtigsten Information und einer – bei nur wenigen Möglichkeiten – trotzdem gut gestalteten grafischen Wirkung, die das Auge des Empfängers lenkt und die Lust steigert, sich mit den Botschaften zu beschäftigen. Beachten Sie jedoch, dass dem Empfänger die E-Mail (je nach Mail-Programm bzw. Einstellungen) möglicherweise ohne Ihre Formatierungen angezeigt wird. Ihre E-Mail sollte also auch ohne große Effekte funktionieren.

Weitere Infos zum Thema E-Mail-Bewerbung finden Sie unter *www.berufsstrategie-plus.de*. www.

10. Lektion Was in eine Bewerbungs-Mail gehört und was nicht

Immer mehr Unternehmen bevorzugen eine digitale „Bewerbungsmappe", zugeschickt per E-Mail, und Sie können sich bei nahezu jedem Arbeitgeber per E-Mail-Bewerbung vorstellen. Wenn Sie jedoch Zweifel haben und lieber die klassische, papierene Bewerbung bevorzugen, empfehlen wir Ihnen eine kurze telefonische Nachfrage. Das wird toleriert und schafft absolute Klarheit.

Ihre E-Mail-Bewerbung wird allerdings nur dann erfolgreich sein, wenn Sie bestimmte Regeln beherzigen. Vier Varianten sind deutlich unterscheidbar:

1. Sie können ein kurzes Anschreiben (ca. 5 Zeilen) sowie Ihr berufliches Profil oder eine Kurzversion des beruflichen Werdeganges (ca. 20 Zeilen) in den eigentlichen E-Mail-Text schreiben.
2. Sie formulieren im E-Mail-Text ein kurzes Anschreiben (ca. 5–10 Zeilen) und fügen Ihren Werdegang ohne Zeugnisse als Anhang an.
3. Sie kündigen im E-Mail-Text auf weniger als 5 Zeilen die angefügten Unterlagen an, bestehend aus Anschreiben und Werdegang, plus einige Zeugnisse verpackt in einer oder zwei Dateien.
4. Sie beginnen ebenfalls mit einem kurzen E-Mail-Text von ca. 5 Zeilen und schicken im Anhang sämtliche notwendigen Dokumente, also Anschreiben, Werdegang, Zeugnisse, ggf. Arbeitsproben mit, dies aber in maximal drei Anhangsdateien aufgeteilt.

Typische Fehler bei der E-Mail Bewerbung sind:

- E-Mails werden mit Anhängen verschickt, deren Inhalt nicht aus dem Dateinamen deutlich wird.
- Gewisse Formalitäten werden vernachlässigt, Stichwort Orthografie.
- Die Absenderangaben oder die Adresse wirken unprofessionell.
- Die Betreffzeile ist schlecht oder unzureichend getextet.
- Riesige Dateianhänge legen das komplette System lahm oder lassen sich nicht öffnen.
- Eine Unmenge an Werbung wird mittransportiert.
- Die E-Mail wird mit einer Empfangsbestätigung verschickt.
- Dokumente enthalten Viren.
- Die E-Mail enthält seltsame Zeichen.

XING Startseite | Jobs | Projekte | Gruppen | Events | Unternehmen | Erweiterte Suche

Andere zu XING einladen Hilfe & Kontakt Ausloggen

Premium

Lars Lehmann

Diplom-Ingenieur Maschinenbau

Leiter Qualitätswesen
IKROM AG Bremen, Deutschland
Führungskraft

12 Kontakte
24 % Aktivität

Als Kontakt hinzufügen
Nachricht schreiben
Kontaktdaten
mehr

„Schnaps ist Schnaps und Dienst ist Dienst, erst die Arbeit, dann das Vergnügen!

Eigene Notizen zu Lars Lehmann

Profildetails
Portfolio
Weitere Profile im Netz
Kontakte
Gruppen
Events
Aktivitäten

Ich biete

Qualitätsbewusstsein | Blick für das Wesentliche | Qualitätsanspruch | ausgeprägte Ausdauer

Berufserfahrung

5 Jahre 10 Monate

01/2009 – heute
Leiter Qualitätswesen
IKROM AG Bremen
www.ikrom-ag.de
Branche: Metallindustrie/-verarbeitung
Unternehmensgröße: 51 – 200 Mitarbeiter
Beschäftigungsart: Angestellter (Vollzeit)
Karrierestufe: Direktor (Bereichsleiter, VP, SVP etc)
Endlich das Ziel erreicht!

5 Jahre 8 Monate

05/2003 – 12/2008
Gruppenleiter Qualitätssicherung
Energie GmbH, Werk Bremen
www.energie-gmbh.de
Branche: Energiewirtschaft
Unternehmensgröße: 51 – 200 Mitarbeiter
Beschäftigungsart: Angestellter (Vollzeit)
Karrierestufe: Direktor (Bereichsleiter, VP, SVP etc)
Erster Aufstieg! Führung von 20 Mitarbeitern, Wareneingangsprüfung, Fertigungsprüfung, Erstellung von Verfahrens- und Prüfanweisungen

Vorsicht! Schlechte Version!

7 Jahre

1990 – 1997
Betriebsschlosser
Meier GmbH, Müller AG, Schlosserei Fest
Branche: Metallindustrie/-verarbeitung
Unternehmensgröße: 11 – 50 Mitarbeiter
Beschäftigungsart: Angestellter (Vollzeit)
Die ersten 7 Jahre von der Pike auf

XING

Startseite | Jobs | Projekte | Gruppen | Events | Unternehmen |

Erweiterte Suche

Andere zu XING einladen Hilfe & Kontakt Ausloggen

Premium

Profildetails

Portfolio

Weitere Profile im Netz

Kontakte

Gruppen

Events

Aktivitäten

Vorsicht! Schlechte Version!

Ausbildung

Erich Herz Oberschule Hannover
Realschulabschluss
vorher Hauptschulabschluss als bester Schüler

Fa. Mahnwald, Hannover
Lehre, Betriebsschlosser

Fachoberschule Hannover
Fachhochschulreife

Technische Fachhochschule (TFH) Hannover

Sprachen

Deutsch (Muttersprache)

Qualifikationen

Qualitätsfachingenieur QM

REFA-Grundschein

Organisationen

Deutsche Gesellschaft für Qualität (DGQ)

Mitglied im Tierschutzverein Bremen

Interessen

Tiere Essen Reisen Sport
Lesen Kino

Persönliches

Geburtstag
30. August 1971

XING Startseite | Jobs | Projekte | Gruppen | Events | Unternehmen | Erweiterte Suche

Andere zu XING einladen Hilfe & Kontakt Ausloggen

Premium

Lars Lehmann

Diplom-Ingenieur Maschinenbau

Leiter Qualitätswesen
IKROM AG Bremen, Deutschland
Führungskraft

217 Kontakte 98 % Aktivität

Als Kontakt hinzufügen

Nachricht schreiben

Kontaktdaten

mehr

„Als praxiserprobter Fachingenieur beherrsche ich alle "Register" in der Verantwortung, die Sache der Qualität effektiv zu vertreten.

Eigene Notizen zu Lars Lehmann

- Profildetails
- Portfolio
- Weitere Profile im Netz
- Kontakte
- Gruppen
- Events
- Aktivitäten

Ich biete

Führungserfahrung im Qualitätsmanagement | Qualitätsplanung | Qualitätstechnik | Qualitätsberichterstattung | ausgeprägte Motivationsfähigkeit | diplomatisches Geschick

Berufserfahrung

5 Jahre 10 Monate

01/2009 – heute
Leiter Qualitätswesen
IKROM AG Bremen
www.ikrom-ag.de

Branche: Metallindustrie/-verarbeitung
Unternehmensgröße: 51 – 200 Mitarbeiter
Beschäftigungsart: Angestellter (Vollzeit)
Karrierestufe: Direktor (Bereichsleiter, VP, SVP etc)

Führung von 25 Mitarbeitern, Qualitätsplanung und -technik, Qualitätsberichterstattung, Wareneingangsprüfung, Fertigungs- und Endprüfungen, Messlabor, Aufbau und Pflege eines QM-Systems nach DIN EN ISO 9001, Vorbereitung der Zertifizierung, Durchführung von internen und externen Qualitätsaudits, Durchführung von betriebsinternen Qualitätsschulungen, Projektmanagement im Bereich QS, Einführung von Arbeitsgruppen zur Entwicklung des Qualitätsbewusstseins in Richtung TQM

5 Jahre 8 Monate

05/2003 – 12/2008
Gruppenleiter Qualitätssicherung
Energie GmbH, Werk Bremen
www.energie-gmbh.de

Branche: Energiewirtschaft
Unternehmensgröße: 51 – 200 Mitarbeiter
Beschäftigungsart: Angestellter (Vollzeit)
Karrierestufe: Direktor (Bereichsleiter, VP, SVP etc)

Führung von 20 Mitarbeitern, Wareneingangsprüfung, Fertigungsprüfung, Aufbau eines QS-Systems, statistische Auswertung von Messwerten, Beschaffung von Prüf- und Messmitteln, Erstellung von Verfahrens- und Prüfanweisungen, Mitarbeit beim Aufbau eines QS-Systems im Werk Spanien

7 Jahre 1 Monat

10/1990 – 10/1997
Betriebsschlosser
Meier GmbH, Müller AG, Schlosserei Fest

Branche: Metallindustrie/-verarbeitung
Unternehmensgröße: 11 – 50 Mitarbeiter
Beschäftigungsart: Angestellter (Vollzeit)

Reparatur und Wartung von Werkzeugmaschinen

Kommentar Seite 126

XING Startseite | Jobs | Projekte | Gruppen | Events | Unternehmen | Erweiterte Suche

Andere zu XING einladen Hilfe & Kontakt Ausloggen

Premium

- Profildetails
- Portfolio
- Weitere Profile im Netz
- Kontakte
- Gruppen
- Events
- Aktivitäten

Ausbildung

10/1997 – 07/2002
Technische Fachhochschule (TFH) Hannover
Maschinenbau, Diplom-Ingenieur

09/1994 – 07/1997
Fachoberschule Hannover
Fachhochschulreife

09/1987 – 08/1990
Fa. Mahnwald, Hannover
Lehre, Betriebsschlosser

Sprachen

Deutsch (Muttersprache)

Englisch (Fließend)

Qualifikationen

DGQ-Auditor/EOQ Quality Auditor

Qualitätsfachingenieur QM

Qualitätstechniker DGQ

REFA-Grundschein

Organisationen

Deutsche Gesellschaft für Qualität (DGQ)

Interessen

Schach

Tai-Chi-Chuan

Persönliches

Geburtstag
30. August 1971

Zu den Unterlagen von Lars Lehmann, Leiter Qualitätsmanagement

XING-Profil: Schlechte Version

Ohne Profilfoto erzeugen Sie bis zu 70 Prozent weniger Interesse an Ihrer Person und Ihren Daten. Allerdings müssen Sie auf dem Profilfoto wirklich sympathisch wirken und gut rüberkommen.

Der von diesem Kandidaten gewählte Startschuss ist leider verunglückt: Mit so einem Spruch vertreibt man jeden Profilbesucher.

Lars Lehmann bietet hier wenig beruflich Relevantes und hinterlässt den Eindruck, er wisse nicht, worauf es in seinem Fach wirklich ankommt. Den Unterschied erkennen Sie, wenn Sie sich die verbesserte Version des Profils ansehen. Sein beruflicher Werdegang ist für dieses Profil völlig ungeeignet. Hier muss schnell und auf den Punkt informiert werden. Die von ihm getexteten Überschriften / Kommentare bei jeder Station sind unglücklich. Auch der in der Rubrik »Ausbildung« als Erstes präsentierte Hauptschulabschluss als »Bester« ist völlig fehl am Platz.

Der Kandidat schien die Funktion seines XING-Profils nicht mehr präsent zu haben, als er sein Engagement für den Tierschutzverein Bremen unter »Organisationen« eingetragen hat. Auch seine sechs Interessenfelder könnten nicht schlechter ausgewählt sein.

Insgesamt vermittelt der Kandidat hier ein unglückliches Bild von sich.

XING-Profil: Verbesserte Version

Jetzt präsentiert sich der Kandidat schon sehr viel sympathischer. Das freundliche Profilfoto, der interessante Spruch und die genauen Beschreibungen der Tätigkeitsfelder bei seinen Berufsstationen vermitteln einen deutlich positiveren Eindruck. Unter der Rubrik »Ich biete« stehen bessere Keywords und die Unterlassung der kommentierenden Anfangszeile bei jedem Job wirkt Wunder! Auch die Ausbildungsdaten sind aufgeräumt, der stolze Hauptschulabschluss entfernt, ebenso wie das Tierschutzverein-Engagement. Und zwei neue und etwas konkretere Hobbys bzw. Interessen wirken so viel sympathischer.

Insgesamt ein sehr viel besser gestalteter Auftritt in einer Business Community.

11. Lektion — Was Sie über Business Communities wissen sollten

Business-Kontaktbörsen wie XING und LinkedIn bieten die Möglichkeit, sein berufliches Profil im Internet zu präsentieren und gleichzeitig mögliche neue Arbeitgeber oder Firmenvertreter direkt anzusprechen. Diese können sich dann sofort ein Bild vom beruflichen Werdegang des Bewerbers machen und bei Bedarf umfangreichere Bewerbungsunterlagen anfordern.

Die Möglichkeit der Kontaktaufnahme ist hierbei teilweise mit einer kostenpflichtigen Premium-Mitgliedschaft verbunden, manchmal jedoch auch kostenfrei. Nutzen Sie die Chance der großen, branchenübergreifenden Business-Kontaktbörsen und gestalten Sie Ihr Profil entsprechend Ihren relevanten beruflichen Kompetenzen sowie Ihrer wichtigsten persönlichen Merkmale. Gehen Sie dann gezielt auf die Suche nach Ansprechpartnern und suchen Sie Kontakt und Austausch.

Wählen Sie eine Business Community, die von Ihren Kunden, Auftraggebern oder typischerweise auch Wunscharbeitsplatzanbietern wirklich genutzt wird, und hinterlegen Sie dort Ihr Profil. Beachten Sie, dass diese Informationen genau zu Ihrem beruflichen Hintergrund passen bzw. so gestaltet sind, dass sie Ihren schriftlichen Bewerbungsunterlagen entsprechen. Dazu gehören immer ein passendes Foto sowie eine Auflistung der relevanten beruflichen Stationen.

Vermeiden Sie in Ihrem Profil (was ja keinesfalls ein lückenloser Lebenslauf sein soll!) die Erwähnung von unvorteilhaften beruflichen Informationen, wie z. B. mehrere kurzzeitige Beschäftigungsverhältnisse oder Zeiten der Arbeitslosigkeit. Überlegen Sie vorher genau, was Sie von sich erzählen und welche Freunde oder Bekannte Sie in Ihrem Kontaktnetzwerk aufführen wollen.

Integrieren Sie außerdem den Link zu Ihrem Profil in einer Business Community in Ihre Bewerbungsunterlagen oder Ihre Visiten- bzw. Profilcard.

PROFIL › BEATRICE BERGMANN

Beatrice Bergmann, Hauptstraße 12, 50674 Köln, 0161 7649114
b.bergmann@web.de, www.xing.com/profiles/beatrice_bergmann
Diplom-Kauffrau, 49 Jahre, verheiratet, ein erwachsener Sohn

› ICH BIN

mit Leib und Seele bei der Raiffeisen- und Volksbanken-Genossenschaft mit Erfahrungsschwerpunkt Internationaler Genossenschaftsbankenbereich und zahlreichen Kontakten zu weiteren Geldinstituten in In- und Ausland, seit 2005 im Bundesverband der Raiffeisenbanken und Volksbanken (BRV)

- › 1999 bis 2004 beim Verband NRW
- › 1995 bis 1999 Kreditbankverein NRW
- › 1985 bis 1995 NRW Landesbank inkl. BWL-Studium

› ICH KANN

etwas aufbauen, umsetzen, vermarkten und auf Erfolge verweisen wie:

- › Projektmanagementsystem im BRV verbunden mit der Senkung des jährlichen Projektbudgets um 60 % bei gleicher Projektzahl
- › Projektergebnisdatenbank für alle Genossenschaftsbanken Nutzungsquote 2008 bei Einführung: 5 Tsd., 2012: 200 Tsd. p. a.
- › Staff-Move & Development-Program
  Austausch und Umsetzung von Mitarbeitern zur Qualifizierung

› ICH HABE

verstanden, wie Verbände funktionieren müssen, wenn sie Einrichtungen und Mitgliedsorganisationen wirklich effizient unterstützen wollen. Dabei kommt es nicht allein auf die richtige Anwendung von Tools und Methoden an, sondern vor allem auf das Miteinandersprechen und das frühzeitige Einbinden aller Beteiligten. Erfahrungen, die auch für meine Ehrenämter – ich bin Schöffin und Telefonseelsorgerin – gelten.

› ICH BIETE

- › ein Netzwerk mit wertvollen Kontakten zu Bankvorständen
- › kreative Methoden, um miteinander ins Gespräch zu kommen
- › Leidenschaft, Ziele so zu erreichen, dass alle Beteiligten gewinnen

Köln, 25.03.2014 

BERUFSPROFIL

Eric Edwards, Junior Test Engineer
Am Park 1, 97070 Würzburg, Tel.: 0171 2931452
eric.edwards@aol.com
www.linkedin.com/in/eric_edwards
geboren in Chicago (USA) am 21. Februar 1976
bilingual aufgewachsen in den USA und Europa,
ungebunden, mobil

Qualifikation

- Master of Science (Wirtschaftsinformatik), Fachhochschule Ulm
- Doppel-Bachelor (Wirtschaftsinformatik und Technisches Englisch), Technische Universität Chicago, USA
- ISTQB Certified Tester – Foundation Level
- Certified Agile Tester

Erfahrungshintergrund

Junior Testingenieur mit 5 Jahren Erfahrung
bei Tests und Optimierungen von SW Applikationen,
1 Jahr davon Abnahmetests einer komplexen Logistik-Applikation.
Ich habe mich sehr schnell in die Tests eines Medizinproduktes eingearbeitet und teste seit sechs Monaten verschiedene Versionen der Partikel Therapie KTS Applikation basierend auf der Plattform Synyo.

Kompetenzschwerpunkt

Test-Spezifikation und -Durchführung des ‚XT Medical Therapy Suite' (KTS), ein Synyo basiertes medizinisches System für die Behandlung mit Partikel Therapie. Dokumentation und Analyse der Testergebnisse sowie Überwachung des Fehlerreports und die dazugehörigen Regressionstests.

Erstellung, Gestaltung und Produktion von Testdaten für den MTS Test (CIT, CAT, SIT) nach Medizinproduktvorgaben in verschiedenen SW Versionen.

Produktbetreuung des IndienTransport Management Systems (ITM). ITM unterstützt die Logistikprozesse für die Lieferung von komplexen Telekommunikationssystemen. Einführung, Tests und Optimierung der Logistikprozesse.

Besondere Kenntnisse

Fachliche und methodische Schwerpunkte

- Prozessoptimierung in der Logistik
- Klinische Workflow Partikel Therapie. DICOM Protocol
- Bedienung des XT Treatment Planungssystems (synyo based)
- Dokumentation nach Medizinproduktgesetz (CALIBER, CHARM NT; SAP)
- Logistik der Testdatensätze für CIT, CAT und SIT
- Mitarbeit im SCRUM MTS Entwicklungsteam als Test Designer
- Testmanagement Werkzeuge (iTestbench, TMT)
- Java, C#, ABAP, SQL, LaTeX, MS Office

Sprachen

Englisch und Deutsch (beide muttersprachlich)

Würzburg, 14.04.2014 *Eric Edwards*

Zu den Unterlagen von Beatrice Bergmann und Eric Edwards

Wir sehen hier zwei Kandidaten-Profile, jeweils mit Foto und Unterschrift und unterschiedlicher Vorgehensweise bei der Informationsvermittlung. Beide Profile sind sowohl ohne Foto als auch ohne Unterschriften gut vorstell- und einsetzbar (ein Profil muss nicht unterschrieben werden). Sie ergänzen oder ersetzen sogar den klassischen beruflichen Werdegang und zeigen Ihnen den großen Spielraum, der Ihnen trotz minimaler Fläche bleibt, um sich vorzustellen und Ihre Leistungen zu vermitteln. Während die Bankerin Wert darauf gelegt hat, Ihre Kompetenzen in sprachlich ansprechender Form zu präsentieren, konzentriert sich der ITler sehr stark auf sein entsprechendes Fachvokabular. Beide informieren jedoch spannend und schnell erfassbar. Darauf kommt es an!

12. Lektion Überzeugen mit Ihrem Profil

Was genau ist ein Bewerberprofil? Ihrem Profil kommt eine ähnlich wichtige Bedeutung zu wie Ihrem Lebenslauf. Es hat die spezielle Funktion, Ihr besonderes Nutzenangebot, Ihren USP (Alleinstellungsmerkmal, das, was Sie positiv von anderen Bewerbern unterscheidet) kurz und knapp zu vermitteln sowie Ihre Problemlösungsfähigkeit überzeugend vor Augen zu führen. Das vermittelt Ihr Lebenslauf auch, aber in deutlich anderer Form. Bei beiden geht es um den Nachweis Ihrer speziellen **K**ompetenz, hohen **L**eistungsmotivation und besonderen **P**ersönlichkeit (**KLP**). Ihr Profil soll vor allem in ganz kurzer Form Auskunft darüber geben, was Sie aktuell leisten können (und auch diesbezüglich schon geleistet haben), um einen Personalentscheider sicherer abschätzen zu lassen, ob er Ihnen die neue Aufgabe zutrauen kann. Ein gutes (papierenes oder auch digitales) Profil, das Sie auch ohne weitere Anlagen, nur mit einem kurzen Anschreiben, verschicken können, kann Ihnen wesentlich dabei helfen, im Bewerbungsprozess weiterzukommen.

Inhalt: Ihr Profil bildet die wichtigsten „Marker" ab, die erkennen lassen, dass Sie für die zu besetzende Position, die anstehenden Probleme, Aufgaben etc. die richtige, bestgeeignete Person sind. Ihr Profil sollte also sehr genau auf die Position oder für die Art der Problemlösungen, für die Sie sich bewerben, ausgerichtet sein.

Umfang: Alles, was Sie für diese Aufgaben besonders qualifiziert und interessant macht, muss zu Papier gebracht werden. Alles andere lassen Sie weg. Auch an dieser Auswahl erkennt man, mit wem man es zu tun hat! Ihr Profil sollte deshalb nicht länger als eine, maximal bis zu zwei Seiten sein!

Form: Für Ihr Profil (genau dies ist auch die Überschrift: Profil) gelten die gleichen Layoutregeln (Stichwort Ästhetik) wie für den Lebenslauf. Unter der Überschrift „Profil" folgt ein zweispaltiger Aufbau, dessen Abteilungen durch linksseitige Überschriften geprägt sind und deren inhaltliche Ausführung rechts daneben steht.

Die folgenden Punkte sind eine Anregung, es gibt keine feststehenden Regeln, nach denen sich Ihr Profil aufbaut:

Ausgewählte Themen-, Überschriftenvorschläge, die Ihr (Angebots-) Profil abbilden

- Vor- und Zuname, Geburtsdatum/Ort
- Berufsbezeichnung
- Kontaktdaten (nur die wichtigsten)
- Ausbildungshintergrund
- Schwerpunktkenntnisse und Erfahrungen (das ist sehr wichtig!)
- durchgeführte Projekte und erzielte Erfolge
- ggf. berufliche Auslandsaufenthalte
- Weiterbildung und Seminare
- ggf. Mitgliedschaften in Verbänden und Fachgremien
- Engagement, Interessen
- Sprachkenntnisse
- EDV-Kenntnisse
- Führerscheine/Lizenzen
- ggf. Veröffentlichungen, Vorträge
- ggf. Lehr- und/oder Prüfungs- und/oder Gutachtertätigkeit
- Interessen, Engagement, Hobbys

Erfolgreich bewerben durch optimales Selbstmarketing

Statt Ihnen hier zu erklären, wie der formale Aufbau eines CVs aussieht (anstelle der etwas irreführenden Bezeichnung *Lebenslauf* bevorzugen wir den Begriff *beruflicher Werdegang*), möchten wir Ihnen verdeutlichen, welche entscheidenden Weichenstellungen für den Erfolg Ihrer schriftlichen und etwas später Ihrer persönlichen Bewerbung ausschlaggebend sind:

Mentale Einstimmung, Rollenbewusstsein und die Vorbereitung Ihres Kommunikationszieles und Ihrer Botschaften

Jede Bewerbung bedarf einer geistigen Einstimmung und Vorbereitung, die die Überzeugung festigt, das gesetzte Ziel erreichen zu können. Nicht nur im Sport weiß man die mentale Vorbereitung zu schätzen, auch in der Medizin hat sie ihre Bedeutung. Mentales Training wird im Rahmen der sich verbreitenden Erkenntnisse über die Zusammenhänge von Seele und Körper (Psychosomatik) gezielt eingesetzt, um Behandlungserfolge und damit Gesundungsprozesse abzusichern, ja bisweilen überhaupt erst zu ermöglichen.

Wie sieht es also mit Ihrer Einstellung aus? Sie als Bewerber müssen von sich, von Ihren Qualifikationen überzeugt sein. *Wenn nicht Sie, wer dann?!*

Was aber ist das genau, wovon Sie überzeugt sind? Was ist denn Ihr USP (Ihr besonderes Alleinstellungsmerkmal), wie stellen Sie sich dar? In welcher Rolle wollen Sie auftreten und überzeugen? Und was sind Ihre Botschaften?

Eine Bewerbung ist immer auch Überzeugungsarbeit. Wer überzeugen will, braucht Kraft – Überzeugungskraft. Diese schöpfen Sie primär aus sich selbst, aber auch aus Ihrer Umwelt. Glauben Ihre wichtigsten Mitmenschen an Sie, an Ihre Fähigkeiten, oder wird Ihnen vermittelt, Sie seien noch unzureichend qualifiziert und daher eher ungeeignet für eine neue Position? Ermitteln Sie die »Krafträuber«, die nicht an Sie glauben, und versuchen Sie, sich von diesen zu distanzieren. Überlegen Sie ferner, wer Sie bei Ihrem Vorhaben unterstützen und motivieren kann. Auf wen können Sie für die Gewinnung zusätzlicher »Überzeugungskraft« zurückgreifen?

Was Sie jetzt brauchen, ist eine klar umschriebene Rolle (in Ihrem Bewusstsein), in der Sie sich schriftlich und später persönlich präsentieren. Und Sie müssen sich schon jetzt überlegen, was Ihr Kommunikationsziel und daraus abgeleitet Ihre Botschaften sind.

Schwierige Frage: Wie wollen Sie rüberkommen, später auftreten? Kurzum: Sehen Sie sich eher als *freundlich begleitenden Moderator, als forschen, weil schnellen An- und Aufgreifer, oder reflektierten, bedächtigen Philosophen oder vielleicht eher als vorsichtigen, kostenbewussten Oberbuchhalter?*

Es lohnt sich, darüber nachzudenken und sich klarzumachen (auch festzulegen), wie und in welcher Rolle Sie sich bei diesem Vorhaben präsentieren wollen. Das sollten Sie nicht dem Zufall überlassen, sondern bewusst steuern.

Wie soll der Empfänger Ihrer Bewerbung Sie erleben, wie soll er sich *Sie* vorstellen?

Gedanken in dieser Richtung helfen Ihnen bei der Vorbereitung und beim Vermitteln eines hoffentlich positiven, nachhaltigen Eindruckes.

Hören wir da jemanden sagen: »Man soll sich doch aber besser ganz natürlich geben, so wie man auch wirklich ist …«

Diese Antwort greift zu kurz, ist unreflektiert: Verzeihung, aber wie sind Sie denn nun wirklich? Stellen Sie sich verschiedene Situationen vor … z. B. in Ihrer Badewanne zu Hause oder in einem Gespräch mit dem Vermieter einer Wohnung, die Sie und Ihre Familie (drei Kinder und ein Hund) gerne mieten möchten, oder wenn Sie in einer Verkehrskontrolle angehalten werden, oder auf der Hochzeit Ihres Freundes, der eine bezaubernde Frau heiratet, die Ihnen leider damals, als Sie sie das erste Mal gesehen haben, einen Korb gegeben hat …

Ja, Sie sind immer *Sie!* Aber in einer Rolle, und Sie verhalten sich der Situation entsprechend angemessen, manchmal auch angepasst. Auch im Bewerbungsverfahren wird ein bestimmtes Rollenverhalten von Ihnen erwartet, und deshalb lohnt es sich, darüber nachzudenken, wie Sie sich schriftlich präsentieren wollen und später auftreten. Oder anders ausgedrückt: wie Sie erlebt werden möchten.

Benötigen Sie eine Anregung? Natürlich sollte es ein positives Rollenbild sein …

Da gibt es den Macher, Veränderer, den Organisator, den Initiator, Entwickler, Erfinder, Ermutiger, Betreuer, Helfer, den Denker und Theoretiker, Hinterfrager, Kritiker, den Abwäger und Vorsichtigen, den Kontrolleur, Bewahrer und und und. Denken Sie nach und finden Sie heraus, welche Rollen (es muss ja nicht nur eine sein!) für Sie infrage kommen und gut zu Ihnen und Ihrem Vorhaben passen.

Erfinden Sie sich neu, wenn notwendig! Unter

www. *www.berufsstrategie-plus.de* haben wir übrigens eine kleine Einstimmungshilfe zu diesem Thema für Sie bereitgestellt.

Aber Vorsicht! Natürlich gilt: Sich dauerhaft zu verstellen ist schwer; vielleicht kann man sich in diesem Zusammenhang an der Message »Don't be yourself, be your best self« orientieren.

Nach der Rollenfindung: Was sind Ihre Botschaften?

Die meisten Bewerbungskandidaten schauen verunsichert, wenn wir das fragen. Vielen Bewerbern fällt nun spontan ein: *Ich will diesen oder jenen Job! Ich bin der Größte, die Klügste* … Dieses Kommunikationsziel, diese Botschaft haben aber auch alle anderen Mitbewerber. Als persönliche Botschaft erst in Ihren schriftlichen Unterlagen, dann im Gespräch ist sie somit ziemlich unbrauchbar! Und allein die Tatsache, dass Sie einen (neuen) Job haben wollen, ist für die am Auswahlprozess Beteiligten kein zwingender Grund, sich für Ihre Person zu entscheiden. Leider! Nun neigen viele Bewerber dazu, mehr oder weniger stark zu argumentieren, sie seien mit ihren Erfahrungen der / die Beste, am geeignetsten für bestimmte Aufgaben etc. Schön und gut, aber, was glauben Sie, wie argumentieren Ihre Mitbewerber? Vermutlich ganz ähnlich.

Es geht also darum, um Vertrauen zu werben, Sie wollen schließlich, dass Sie ausgewählt werden! Sie müssen Ihrem Gegenüber verdeutlichen können, also Auskunft geben, wofür Sie stehen, was Ihr USP ist etc. Und das sollten Sie sich vorab genauestens überlegen.

Die wenigsten Bewerber bereiten sich in diesem Sinne vor. Und doch ist es gerade in diesem Moment besonders wichtig, wenn Ihnen Aufmerksamkeit zuteilwird, wenn Ihnen zugehört wird, zu wissen, was Sie von sich, von Ihrer **K**ompetenz (Problemlösungserfahrung), Ihrer hohen **L**eistungsfähigkeit und Ihrer **P**ersönlichkeit vermitteln wollen. Das kann und sollte man intensiv vorbereiten.

Wie man eine persönliche Botschaft überzeugend formuliert

Zunächst bedeutet dies, ein Kommunikationsziel zu entwickeln. Hier geht es wieder um die drei Elemente Kompetenz, Leistungsmotivation, Persönlichkeit.

Wenn Sie sich lange genug mit Ihrem individuellen Angebot, das Sie künftigen Arbeitgebern machen können, auseinandergesetzt haben und zu wichtigen, substanziellen Ergebnissen gekommen sind, wird es Ihnen leichterfallen, bezogen auf Ihren neuen Arbeitsplatz und seine Herausforderungen, ein Kommunikationsziel zu entwickeln. Die Frage lautet, salopp formuliert: Wie sage ich es meinem Kunden, dem potenziellen Auftraggeber?

Als Nächstes entwickeln Sie aus Ihren Zielvorstellungen klare und schnell zu verstehende Botschaften. Nun fehlt nur noch der dritte Schritt in dieser Vorbereitung, die guten Argumente. Wieso? Nur Behauptungen aufzustellen, ist natürlich zu wenig. Welche Situationen in Ihrem (Berufs-)Leben können Ihre Botschaften überzeugend belegen? Wenn Sie hier den richtigen Erzählstoff beisammen haben, stehen Ihre Argumente fest und unterstreichen so die Glaubwürdigkeit Ihrer Botschaft.

Kommunikationsziel, Botschaft und Argumentation ergeben in einem idealen Dreiklang die Entscheidungsgrundlage, auf der sich ein Arbeitsplatzanbieter für Sie als den richtigen Kandidaten entscheiden kann. Machen Sie es ihm nicht schwer. Entscheidungen sind das Schwierigste im Leben. Hier liegt die Bringschuld bei Ihnen, befördern Sie in Ihrem eigenen Interesse Ihr berufliches Vorhaben.

Checkliste persönliche Botschaft

Drei aufeinander abgestimmte Schritte sind zu beachten:

1. Kommunikationsziel finden

Was wollen Sie Ihrem Gegenüber, z. B. dem Arbeitsplatzanbieter, dem Personalauswähler kommunizieren? Was ist Ihr Anliegen, Ihr Ziel? Dies ist der wichtigste und schwierigste Baustein, der die längste Bearbeitungszeit in Anspruch nehmen wird.

2. Persönliche Botschaften formulieren
Wie formulieren Sie aus den sorgfältigen Überlegungen zu Ihrem Kommunikationsziel verständliche, schnell begreifbare, überzeugende Botschaften? Hier kommt es besonders auf Ihre Fähigkeit an, etwas » auf den Punkt « zu bringen, zunächst schriftlich, später im persönlichen Vortrag.

3. Beweis anführen
Wie untermauern Sie diese sorgfältig ausgewählten und präzise formulierten Botschaften, um deren Glaubwürdigkeit und Überzeugungskraft ebenso zu stärken wie deren Erinnerungsgehalt?

Beispiel:

1. Mein Kommunikationsziel ist es, den Lesern und Personalentscheidern – zunächst schriftlich, später persönlich – zu vermitteln, dass ich ein Mensch bin, der über außergewöhnliche kommunikative Begabungen verfügt. Darunter ist zu verstehen: Ich bin sehr gut in der Kontaktaufnahme zu anderen, kann mich schnell und gewandt ausdrücken und ohne große Hemmungen eigentlich mit jedem Menschen leicht ins Gespräch kommen. Andere vertrauen mir auffallend schnell. Ich wirke auf viele Personen ermutigend und bin ein sehr guter und aufmerksamer Zuhörer. Trotz meiner Freude an Unterhaltungen und auch an gezielten Gesprächen bin ich jemand, der sehr diskret sein kann und bei dem ein Geheimnis absolut sicher aufgehoben ist.

2. Meine drei wichtigsten Botschaften lauten: 1. Ich bin ein kommunikativ begabter Mensch, der mit anderen mühelos jederzeit ins Gespräch kommen kann. 2. Ich gewinne schnell das Vertrauen anderer Menschen. 3. Ich bin ein guter und aufmerksamer Zuhörer.

3. Zur 1. Botschaft: Ich habe einen großen Freundes- und Bekanntenkreis, bin in zwei Vereinen aktiv, engagiere mich bei der Business-Junioren-Potsdam-Vereinigung und der Telefonseelsorge. Kürzlich wurde ich bei den Business-Junioren zum Sprecher der Sektion Marketing gewählt, obwohl ich erst seit knapp einem halben Jahr Mitglied bin. Für die Telefonseelsorge habe ich mich entschieden, weil …

Zur 2. Botschaft: Menschen erzählen mir recht schnell, was sie in ihrem Innersten bewegt, viele intime Details, und nicht nur am Telefon in der Telefonseelsorge, obwohl ich danach nie fragen würde. Sie vertrauen mir intuitiv. Auch bei den Business-Junioren spüre ich, wie man mir Vertrauen entgegenbringt. Das erklärt auch, warum man mich zum Sprecher gewählt hat.

Zur 3. Botschaft: Insbesondere bei der Telefonseelsorge-Arbeit habe ich das intensive und aktive Zuhören kennen- und schätzen gelernt. Es fällt mir überhaupt nicht schwer, mich zurückzunehmen und meine Aufmerksamkeit völlig auf mein Gegenüber zu konzentrieren

Weitere Beispiele:

Zunächst das Kommunikationsziel und dann die Botschaften. Zu diesen Aussagen gehört natürlich immer auch ein konkreter Bericht aus der Arbeitspraxis. Hier das Kommunikationsziel und die Botschaften eines Geschäftsführers aus der Zeitarbeitsbranche:

<u>Das Kommunikationsziel</u>
Erfolgreicher Umgang mit Menschen, die ich immer wieder beeinflussen, überzeugen, motivieren kann, auf allen Ebenen: vom Handwerker bis zum Vorstandsvorsitzenden.

<u>Botschaften</u>
Ich weiß, wie ich gut an- und rüberkomme, wie ich etwas erreiche, etwas bewirken kann.

- Ich habe die entscheidende Willenskraft und Power,
- packe auch selbst an und gebe ein positives Vorbild.
- Ich mache anspruchsvolle Zielvorgaben, die aber auch von meinen Mitarbeitern erreicht werden.
- Mein Werkzeug: ein Händchen für den Umgang mit Menschen,
- beeinflussen, begeistern, binden, z. B. an das Unternehmen.
- Meine wichtigsten Adjektive, Eigenschaften, Merkmale: Ausdauer, Durchhaltevermögen, Frustrationstoleranz.
- Ich bin ein positiv denkender Mensch, ein Optimist, ohne Träumer zu sein.
- Meine Wesensart (Selbstoffenbarung): Ich bin eine ehrliche Haut, direkt, offen, kein Ja-Sager, manchmal auch unbequem, aber immer verlässlich und berechenbar.

Hier Kommunikationsziel und Botschaften eines Ingenieurs für Großkraftwerke, der innerhalb des eigenen Unternehmens wechseln will, von der Vorort-Leitung in den Backoffice- und Service-Bereich:

Das Kommunikationsziel
Ich kann im Backoffice- und Service-Bereich mehr für das Unternehmen erreichen.

Botschaften
- Ich arbeite initiativ und handle vorausschauend.
- Meine Kennzeichen: Gestaltungswille, Entscheidungsmut.
- Meine Mittel: Kommunikationsvermögen, Kontakt- und Beziehungsfähigkeit, schneller Vertrauensaufbau.
- Ich zeichne mich aus durch: Integrität, Berufsehre, Identifikation.
- Ich kann gut informieren, beraten, überzeugen, mein Erfahrungshintergrund hilft mir dabei ...

Versuchen Sie es jetzt einmal selbst!

Resümee

Es ist schon erstaunlich. Viele Kandidaten wollen einen neuen Arbeitsplatz bekommen, der ihnen 80 000, 130 000 oder sogar an die 250 000 Euro im Jahr einbringen soll. Sie wünschen sich, eingeladen zu werden, um ihre Fähigkeiten anzubieten und persönlich zu überzeugen. Aber es besteht so gut wie kein Bewusstsein, dass man dafür zuallererst in seine Bewerbungsunterlagen Zeit und auch ein bisschen Geld investieren muss. Ihre Bewerbungsunterlagen sind Ihre Visitenkarte und erste Arbeitsprobe. Diese müssen auf Anhieb für Sie werben und sollen Ihre Einladungskarte werden. Ergo: Jeder Aufwand, um dieses Ziel zu erreichen, ist gerechtfertigt. Denn ohne eine erste persönliche Begegnung wird es mit dem neuen Job nicht klappen. Lassen Sie sich hier im Buch inspirieren und gestalten Sie Ihre überzeugenden Bewerbungsunterlagen, die Ihnen zum Traumjob verhelfen.

Über uns, die Autoren, unsere Bücher und das Büro für Berufsstrategie

Das Autorenteam Hesse / Schrader ist seit über 30 Jahren auf dem Sektor der Bewerbungsratgeber sowie zu weiteren Themen aus der Arbeitswelt publizistisch tätig und hat im Laufe dieser Zeit mehr als 200 Bücher veröffentlicht. Am Anfang stand die erstmalige Veröffentlichung aller gängigen sogenannten Intelligenztests und deren kritische Reflexion in dem Buch *Testtraining für Ausbildungsplatzsuchende* (1985). Ebenfalls Neuland zum Bereich »Überleben in der Arbeitswelt« erschloss ihr Buch *Die Neurosen der Chefs – die seelischen Kosten der Karriere* (1994).

Weitere Hilfestellungen für die Leser dieses Buches bieten die Hesse / Schrader Trainings *Initiativbewerbung, Lebenslauf, Vorstellungsgespräch, Arbeitszeugnis* und *Schriftliche Bewerbung* (alle im DIN-A4-Format).

Beide Autoren verfügen über eine langjährige Erfahrung als Seminarleiter bei Bewerbungstrainings. Ein besonderes Interesse gilt der gewerkschaftlichen Bildungsarbeit in Form von Anti-Mobbing- und Konfliktmanagement-Seminaren.

1992 gründeten sie in Berlin das *Büro für Berufsstrategie,* das Arbeitnehmer in allen erdenklichen beruflichen Fragen berät und unterstützt. Über 30 Jahre Buchpublikationen und 20 Jahre tägliche Beratungsarbeit mit Kandidatinnen und Kandidaten, die das *Büro für Berufsstrategie* aufsuchen, zeichnen die Autoren als kompetent und praxiserfahren aus.

Wenn Sie persönliche Anregungen wünschen, Rat und Unterstützung brauchen, wenden Sie sich bitte an das Büro für Berufsstrategie:

Büro für Berufsstrategie
Hesse / Schrader
Oranienburger Straße 4 – 5
10178 Berlin
Tel. 030 288857-0
Fax 030 288857-36
www.hesseschrader.com

Bitte beachten Sie auch unsere Büros in Frankfurt, Stuttgart, Hamburg, Köln, Leipzig, Wiesbaden und München. Wir prüfen auch Ihre Bewerbungsunterlagen!

Unsere Leseempfehlungen
speziell für Führungskräfte

288 Seiten, 16,2 x 22,9 cm,
Broschur
Best.-Nr. E10423
€ 22,95 (D) /
€ 23,60 (A) / SFr. 28,30
ISBN 978-3-86668-427-0

Bewerbungsstrategien für Führungskräfte

Der nächste Schritt auf der Karriereleiter

Hesse/Schrader

- Hesse/Schrader vermitteln Bewerbungswissen speziell für Führungskräfte
- Erfolgreiche Jobsuche und Kontaktaufnahme
- Gestaltung der Bewerbungsunterlagen
- Vorbereitung auf das Vorstellungsgespräch
- Nie unter Preis: Gehaltsverhandlung
- Tipps für die ersten 100 Tage im neuen Job

340 Seiten, 16,2 x 22,9 cm,
Broschur, mit CD-ROM
Best.-Nr. E10303
€ 24,95 (D) /
€ 25,70 (A) / SFr. 30,70
ISBN 978-3-86668-593-2

Assessment Center und Management Audit für Führungskräfte

Ihr entscheidender Schritt auf der Karriereleiter

Hesse/Schrader

- Alle wichtigen Testverfahren zur gezielten Vorbereitung: Rollenspiele und Vorträge, Case Studies und Postkorbübungen, Intelligenz- und Leistungskonzentrationstests, Persönlichkeitstests, Stressinterviews
- Ablaufpläne und Berichte von Assessments namhafter Unternehmen
- Umfangreiches Trainingsprogramm auf der CD-ROM

208 Seiten, 14,5 x 20,7 cm,
Klappbroschur
Best.-Nr. E10489
€ 16,95 (D) /
€ 17,50 (A) / SFr. 20,90
ISBN 978-3-86668-961-9

Die überzeugende Selbstpräsentation im WWW

So nutzen Sie Social Networks, Blogs & Co. für Ihre erfolgreiche Online-Reputation

Hesse/Schrader

Heutzutage müssen Sie damit rechnen, dass der potenzielle neue Arbeitgeber Sie „googelt", wenn Sie sich bei ihm bewerben. Stößt er dann z. B. auf kompromittierende Facebook-Fotos von der letzten Party oder eine Buchempfehlungs-Liste, auf der Sie hauptsächlich erotische Literatur empfehlen, haben Sie schon vor einem möglichen Vorstellungsgespräch einen Eindruck hinterlassen, den Sie unter Umständen nie mehr „ausbügeln" können.

Wie Sie sich im Internet optimal und erfolgreich darstellen, wie Sie Ihre Privatsphäre schützen und den neuen Arbeitgeber von sich überzeugen, lesen Sie in diesem unverzichtbaren Ratgeber!

163 Seiten, 14,5 x 20,7 cm,
Klappbroschur
Best.-Nr. E10486
€ 17,95 (D) /
€ 18,50 (A) / SFr. 22,10
ISBN 978-3-86668-860-5

Wanted Fach- und Führungskräfte

- Potenziale erkennen
- Chancen nutzen
- Erfolgreich sein

Dr. Peter Littig

Qualifizierte Fach- und Führungskräfte sind begehrt wie nie zuvor – denn die Zeiten, in denen Unternehmen sich aus einem Pool von topqualifizierten Bewerbern den „passendsten" aussuchen konnten, sind vorbei! Fachkräftemangel und ein immer härterer Wettbewerb haben zu einem wahren „War for Talents" geführt.

Für Fach- und Führungskräfte heißt das, dass sie bei der Suche nach einem neuen Arbeitsplatz das attraktivste Unternehmen wählen können.

Dr. Peter Littig zeigt, wie Fach- und Führungskräfte ihre Potenziale erkennen, wie sie ihre Chancen nutzen, in welchen Branchen besonders gesucht wird, was man bei einem Jobwechsel fordern kann.

Können wir noch mehr für Sie tun?

Jürgen Hesse

Gemeinsam mit unserem erfahrenen Berater- und Trainerteam bieten wir professionelle Beratung zu allen beruflichen Fragen an. Wir wissen, worauf es ankommt und unterstützen Mitarbeiter und Führungskräfte bei der Umsetzung beruflicher Wünsche und Ziele. Weiterhin unterstützen wir Unternehmen bei allen Fragen der Personalentwicklung.

Hans Christian Schrader

Wobei benötigen Sie Unterstützung?

Beratung & Coaching

- Karriereplanung
- Potenzialanalyse
- Bewerbungsstrategien
- Berufsorientierung
- Bewerbungsunterlagen
- Vorstellungsgespräche
- Assessment Center
- Arbeitszeugnisse
- Burnout-Prävention
- Outplacement & Kündigung

Seminare & Trainings

- Bewerbung & Karriereentwicklung
- Kommunikation & Arbeitstechniken
- Verhandeln & Verkauf
- Führung & Personal
- Gesund im Job
- Train-the-Trainer nach Hesse/Schrader

... und alle weiteren Soft Skill-Themen

Gerne beraten wir Sie auch persönlich und telefonisch!

Auf unserer Homepage finden Sie viele praktische Tipps und Informationen zu Job und Beruf.

Dort können Sie sich über unsere Beratungsangebote, Dienstleistungen für Unternehmen und alle Seminartermine informieren oder E-Books und Mustervorlagen downloaden – und natürlich alle Bücher von Hesse/Schrader bestellen.

Möchten Sie regelmäßig unseren Hesse/Schrader-Newsletter erhalten? Dann melden Sie sich gleich an:

www.berufsstrategie.de

Büro für Berufsstrategie Hesse/Schrader
Oranienburger Straße 4-5
10178 Berlin
Telefon 030 2888570
E-Mail info@berufsstrategie.de

Berlin • Frankfurt • Hamburg • München
Köln • Stuttgart • Wiesbaden

Büro für Berufsstrategie
Hesse/Schrader
Die Karrieremacher.